寂静的春天

[美]蕾切尔·卡逊/著 刘靖/译

煤炭工业出版社
·北 京·

图书在版编目（CIP）数据

寂静的春天 /（美）蕾切尔·卡逊著；刘靖译．-- 北京：煤炭工业出版社，2017（2024.2重印）

ISBN 978-7-5020-6044-2

Ⅰ．①寂…　Ⅱ．①蕾…　②刘…　Ⅲ．①环境保护—普及读物　Ⅳ．①X-49

中国版本图书馆 CIP 数据核字（2017）第 314596 号

寂静的春天

著　　者　（美）蕾切尔·卡逊
译　　者　刘　靖
责任编辑　刘少辉
封面设计　朝圣设计·阿正

出版发行　煤炭工业出版社（北京市朝阳区芍药居 35 号　100029）
电　　话　010-84657898（总编室）
010-64018321（发行部）　010-84657880（读者服务部）
电子信箱　cciph612@126.com
网　　址　www.cciph.com.cn
印　　刷　三河市兴博印务有限公司
经　　销　全国新华书店

开　　本　880mm×1230mm 1/32　**印张**　8　**字数**　280 千字
版　　次　2018 年 1 月第 1 版　2024 年 2 月第 3 次印刷
社内编号　8924　**定价**　36.80 元

序言

我只是一位票选出来的官员，在给《寂静的春天》这本书写序言之时，其实颇有些自卑，因为这本书是里程碑似的存在，它指出了一个无可争辩的事实，那就是思想之力比政治之力要强得多。《寂静的春天》于1962年首次出版，在当时的公共政策里尚没有与环境相关的条例。在诸如洛杉矶这样的部分城市中，某些事件的源头直指“烟雾”，尽管这些“烟雾”看上去尚未对民众的身体健康造成太大危害。

环境主义的前身其实是“资源保护”，关于这一点，民主党和共和党曾在1960年的政论中提到，但真正被大量引入法律条例却是最近的事。这些法律条例都和“国家公园”以及“自然资源”有关。以往，只有那些专业科技期刊才会提及DDT等各种杀虫剂，以及化学药物的增长情况，并对它们的危害性进行论证，而这些期刊民众是很难阅览的。《寂静的春天》就像是来自原野的嘶吼之声，给人的感受是那么深沉，它的研究全面且详细，它的论点坚实且有力，它加快了历史进程。若无此书，环境保护运动大概不会这么快就发展起来，甚至有可能尚未出现。

《寂静的春天》的作者是一位海洋生物学家，她的主要研究方向是鱼类和野生资源，因此，那些不顾环境污染，以环境牟利的人一直对她心怀抵触，对此，你也不必感到诧异。大部分的化工公司都试图让《寂静的春天》全面下架，停止发行。这本书的片段曾出现在《纽约客》杂志中，当时立刻就有一批人跳出来责难作者，说她太过极端，观点偏激。时至今日，如果将这些问题抛给那些牺牲环境的唯利是图之人，恐怕谩骂之声依然会不绝于耳（我在1992年的竞选过程中被人戏称为“臭氧人”，显然这个称呼并不是褒义的，不过我还是将其视为荣耀，因为我知道，将这些问题提出来一定会招来猛烈的反击，而这些反击有时候是那么愚昧）。在这本书初为人知之时，曾遭遇了可怕的攻击。

当年，达尔文在出版《物种起源》时遭遇了强烈的抨击，而如今蕾切尔·卡逊所遭受的攻击有过之而无不及。更何况，她是女性，她的性别也成为人们嘲讽的目标，说她是“疯女人”。甚至，《时代》杂志还责怪她故意煽情。那些人戏称她为“大自然的女祭司”，攻击她的科学家身份，还花钱赞助了一系列有可能会反对她的研究工作的媒介——完全不把她放在眼里。对他们而言，这场激烈的“反击战”受到财政支持，却不是针对某个政治候选人，而是针对一个作者和她的作品。

在这场大论战中，卡逊拥有两个可以起到决定性作用的因素——实事求是和勇往直前。《寂静的春天》里的每段话都经由她反复推敲过，事实证明，她的告诫一击即中。她想要撼动那些牢不可破的暴利产业，这种意愿极其强烈，但相比之下，她的非凡勇气和真知灼见具有更大的力量。她一边撰写着《寂静的春天》，一边忍受着放疗的痛苦，还切除了乳房。在这部作品出版后两年，她因乳腺癌离世。说起来颇有些讽刺，最新研究表明，乳腺癌和有毒化学物息息相关。从这个层面上而言，卡逊可谓是在用生命写作。

她在作品中表现出，她反对那些遗留至今的科学革命的早期观点。人（准确地说是男人）是万物中心，世间主宰，科学的历史就是男人统治万物的历史——最终趋于绝对状态。一位女性向传统宣战了，而传统的最佳拥趸罗伯特·怀特·史帝文斯却将其言论视为“地球扁平论”一般，傲慢地回应道：“争论的焦点无非在于，卡逊坚称自然平衡是人类赖以生存的关键，可是，当代的化学家、生物学家，还有科学家们一致认为，自然是人类的掌心之物。”

在今天看来，那种世界观简直荒诞至极，而卡逊在多年前提出的理论则具有革命性的意义。我们可以预料到那些化工企业的责难，却没想到美国医学协会竟然会支持他们，更没想到，诺贝尔奖将荣誉颁给了那个发现 DDT 具有杀虫性能的研究者。

然而，《寂静的春天》绝不会就此被湮没。尽管书中所提及的各种问题未必能及时解决掉，但这并不阻碍它受到民众的认可与欢迎。另外，卡逊在此前还出版了《我们身边的海洋》和《海之边缘》两部畅销作品，她因此而受到了民众信赖，同时也获得了经济独立。假如《寂静的春天》这本书出版于十年之前，那么它一定会默默无闻，而在近 10 年以来，美国民众对环境问题开始有所认知，也听闻和关注过书中的诸多事例。从某个角度来看，这位女性和这场战役同生共死。

这场战役最终将政府和民众卷入其中，有很多人阅读了这本书，还有很多人从电视和报纸上获悉了这一切。在《寂静的春天》销量打破 50 万册之时，CBS 专门为它只做了一档节目，时长为一个小时，尽管后来两个赞助商都退出了，但电视网依然在持续宣传它。

在国会上，肯尼迪总统提到了这本书，还安排了一个调查小组，专门跟踪调查书中观点。经过这个小组的调查，卡逊所提到的“杀虫剂潜在危害”被最终确定下来，而那些被起诉的企业和官僚机构依然对此视而不见。国会开始重视这方面的问题，没过多久便成立了第一个农业环境组织。

这本书引发了新的运动，并将它推广到了民众之中。蕾切尔·卡逊于1964年的春天病逝，在此之后，一切都一目了然，她的呐喊绝不会就此消逝。她唤醒的不只是我们的国度，而是整个世界。这本书的出版理应被视为现代环境运动的开端。

就我个人而言，《寂静的春天》意义非凡。它是母亲建议我们阅览的家庭读物之一，我们时常在饭桌上探讨它。姐姐和我其实并不太喜欢在吃饭的时候讨论什么图书，当然除了这本。对它的探讨总是愉悦的，那场面一直历历在目。实际上，我之所以会关注环境的重要性，并投身于环境运动，都有赖于卡逊的指引。在她的激励下，我撰写了《即将失衡的地球》一书，并由哈顿·米夫林公司出版发行。当然，这一切绝非偶然。在整个战役中，哈顿·米夫林公司始终站在卡逊这一边，并因此收获了良好的声誉，出版了诸多有关世界环境危机的优秀读物。在我办公室的墙上一直保留着卡逊和领导人们的合影，这些领导人包括各位总统和总理。多年以来，照片一直挂在那里，成为那里的一部分。对我来说，卡逊的影响力不亚于任何领导人，而且有过之而无不及，甚至超过了这些领导人的影响力之和。

卡逊是一位科学家，也是一位理想主义者，因此，她总是在默默地聆听着一切，而官场之人却很难做到这一点。一位名叫奥尔加·哈金丝的女性曾给她写来一封信，这位女性生活在马萨诸塞州的杜可斯波里，她在信中告诉卡逊，DDT 灭杀了那里的鸟儿们。在接到这封信后，《寂静的春天》在卡逊的脑海中初见雏形。如今，在卡逊的争取下，DDT 被禁止了，那些和她渊源至深的鸟儿们，譬如被迫迁徙的猎鹰，将不再遭受灭顶之灾。人类，或者说无数人的性命不再深受其害，这都得归功于卡逊的伟大作品。

毋容置疑，《寂静的春天》一书足以媲美《汤姆叔叔的小屋》。这两本宝贵的书籍都令社会做出了改变。当然，这两本书的区别也是很明显的。在哈丽特·贝切尔·斯托笔下，那些为人们广泛争论的焦点话题跃然纸上，那些奴隶的人物形象唤醒了民族的良心。在斯托的努力下，无论是国家利益还是人民利益，都更加人性化了。当南北战争处于白热化阶段之时，林肯会见了斯托，并对她说："您就是开启这事件的女士。"与此相反的是，卡逊所预见的危险旁人是很难觉察到的，她在努力争取让国家正视环境问题，而不只是去证明那些已知的问题。如此看来，她的发声难能可贵。耐人寻味的是，她在 1963 年参加了国会讨论，当时的参议员阿伯拉罕·李比克夫在欢迎她时，刻意模仿了一百多年前林肯的言辞："卡逊女士，您就是开启这事件的女士。"

这两本书还有一个区别是，《寂静的春天》的影响力具有可持续性。奴隶制在短短几年中宣告结束，虽然此后还需要 100 年，甚至更长的时间去善后。可以说，"纸上之争"加速了奴隶制的废除，可是却无法消除化学污染的影响。卡逊的论证无可辩驳，美国政府也禁止了 DDT，但环境恶化却未能就此停下。

的确，各种灾难的增速有所减缓，但这始终会令人忐忑不安。在《寂静的春天》出版之后，各地农场每年所使用的农药量已增至11亿吨，化学药品的制造量增加了四倍。一些农药被禁止了，但生产并没有停下，它们最终流向了别的国家。我们在贩卖被自己唾弃的公害，并从中牟利。我们一边宣扬着“科学无国界”，一边误解了其意义，犯下了原则性的错误。事实上，任何一处的食物链遭到破坏后，都将会影响到别处，甚至全球的食物链。

卡逊做过的演讲屈指可数，最后一次是在美国园林俱乐部举办的。在她看来，事态趋好之前定会先恶化下去，她说：“存在的问题有很多，便捷的解决之道却尚未出现。”同时她还提出了警告，人类等待越久，危机就会越多，“因为化学药物已暴露在环境之中，我们所面对的是全面性的污染。通过动物实验可知，这些化学药物毒性很强，在多数情况下，毒性还会累积。人们在出生之时，甚至出生之前，就开始遭受这种侵袭。倘若不对治理方法做出改良，那么这种侵袭将会伴随一生，谁都无从知晓其后果，因为人类尚未经历过。”她曾如此断言。而我们也已经受了诸多悲剧：癌症，以及其他因农药所致的疾病的发病率增势迅猛。无奈的是，我们并不是一无是处，也曾做过一些重要之事，然而这些努力还远远不够。

《寂静的春天》在1992年被一个卓越的美国组织评选为“50年来最具影响力”的图书之一。这么多年来，各种政治争论风起云涌，而这本书却始终在对自满情绪做着理性的批评。它告诫着人们，环境问题不光是政府和工业行业必须关注的事情，普通民众也需要关注。我们应该是地球的同盟，这才是真正的民主。消费者们逐渐开始站出来反对环境污染，尽管政府有时候仍会采取不闻不问的态度。如今，降低食品残余农药量的销售方式已经出现，保护环境正日益成为一种道德约束。政府必须要有所作为，民众也需要做出更明智的判断。我坚定地认为，民众不会再任由政府碌碌无为，或是一错再错。

蕾切尔·卡逊所影响到的领域绝不仅限于《寂静的春天》所涉及的范畴。她指引着我们找回了初心——人类与大自然的和谐共处——尽管我们曾在现代文明中难以置信地抛弃了它。这本书好似闪电一般，让我们第一次意识到，这个时代还有如此重要的事情值得我们论辩。在这本书的尾声，卡逊引用了罗伯特·福罗斯特的诗句，为我们指引出一条“少有人走过之路”。已经有人走在这条路上，却少有人如卡逊这般引领着世界。她所做的一切，她探索到的真理，还有她所致力的科学研究工作，不但有力地证明了杀虫剂须被限制，更证明了个人也可以创造出非凡的价值。

美国前副总统 阿尔·戈尔

感谢的话

在1958年1月的时候，我收到了一封来信。写信者奥尔加·欧文斯·哈金斯在信中说，她正在经历一段痛苦的历程，在她身边那个小小的生活环境中，生命正在凋零。于是，我的注意力猛然转向了那个我已关注多年的问题。我忽然发现，我必须要写这样一本书。

从那之后，有很多人都帮助过我，鼓励过我，然而我却没有办法将他们的名字呈现于此。他们拥有不同的身份，就职于美国政府部门、他国政府部门、大学和研究机构等，其中不乏诸多专业人士。他们付出了大量的时间和精力，无私地与我分享了多年来的研究成果和经验，在此我对他们表示由衷的感谢。

此外，我尤其要感谢的是那些愿意花时间读完本书手稿，并从专业角度提出建议，或善意批评的人们。我必须要确保本书的准确性和可靠性，因此，倘若没有以下专业人士的无私相助，本书恐将难以完成。他们分别是梅约医院的L·G·巴萨洛缪博士，德克萨斯大学的约翰·J·比塞尔，西安大略大学的A·W·A·布朗，康涅狄格州韦斯特波特的莫顿·S·比斯金德博士，荷兰植物保护局的C·J·布列吉，罗布和柏希维尔德野生生物基金会的卡拉伦斯·科塔姆，克利夫兰医院的小乔治·可瑞尔博士，康涅狄格州诺福克的弗兰克·艾戈勒，梅约医院的马尔科姆·M·哈格雷夫斯，荒野学会的奥劳斯·穆力，加拿大农业部的A·D·皮克特，伊利诺伊州自然离世考察委员会的托马斯·G司格特，塔夫特公共卫生工程中心的克拉伦斯·塔兹韦尔，以及密歇根州立大学的乔治·J·沃拉思。

对于所有以大量事实为基础的作品而言，作者在撰写时必然会向图书馆管理人员求助，并有赖于他们的专业技能。我也一样，因此我特别要感谢内政部图书馆的爱达·K·约翰斯顿，还有国家健康研究所图书馆的希尔马·鲁滨逊。

保罗·布鲁克斯是这本书的编辑，这么多年以来，他一直坚定地鼓励着我。为了配合我的撰写进度，他屡次推迟出版计划，却连一句埋怨也没有。感谢他为我做的这一切，感谢他深厚的编辑能力，永远感谢。

本书的资料搜集工作是项庞大的工程，此间多亏有多罗西·阿尔及、珍妮·戴维斯和贝特·哈尼·达夫的全力相助。还有爱达·斯普洛，如果不是她帮我打理家务，我或许很难完成这本书，毕竟我的处境有时候会很艰难。

最后，我要感谢众多不曾相识的人们，正因有了他们，这本书才有了价值。他们勇敢地站了出来，反击着那些毒害世界轻率之举，要知道，世界是人类和其他生物共同的家园。时至今日，他们仍在与各方面进行着斗争，并且终将获胜。我们终会找回理性和常识，与这个世界和谐共生。

蕾切尔·卡逊

目 录

Contents

明日之言

很久之前，美国中部有一座城镇，镇里的所有生物和自然都和谐相处。城镇四周是整齐划一的农场，成片的庄稼地和成林的果园地，这些棋盘般的兴盛之景将它包围。每到春回大地百花开的时节，片片纷飞的花朵散落在田野，如天边白云的点缀；每到秋风拂落叶的时节，微风轻抚树林，橡树、枫树、白桦皆闪烁着七彩的光芒，远处的小山上，狐狸殷切地叫着，原野里有小鹿静静的身影，秋日的清晨一片雾茫茫。

林间小路旁，满是月桂树、荚迷和赤杨树，自己庞大的羊齿植物和野花，它们在一年内的大部分时节，都让前来旅行的人们心旷神怡。就算是寒冬之际，旁路也有鸟儿飞扬，它们来往于雪层之上的浆果和甘草的穗头上，只为了觅食。事实上，人们不远千里跋山涉水地来到郊外，正是为了一睹那候鸟迁徙之景观——春秋之际，它们蜂拥而来，也就是各种各样的鸟儿，让这寂静的郊外闻名遐迩。山谷里潺潺流出的溪水，清澈透凉，环绕成鳟鱼的天然栖息地，不时也会有人在此捕鱼。郊野的风貌万年不曾有所更改，直到多年前的一天，第一批的人类来到这里，他们筑房建屋，挖井修仓，这里的一切，开始被改变。

自那一刻起，整个城镇被怪异的暗影笼罩，渐渐变化。厄运降临，突发的神秘疾病来袭，小鸡、牛羊不是病倒就是死亡。

城镇里游荡着死神的幽灵。农夫们讲述着自家的病况，连城里的医生都对这样的新病疑惑不解，除了成年人之外，儿童也有部分忽然死亡的，并且同样无法找到原因。孩子们可能会在嬉戏的时候忽然倒地，几个小时以内，停止呼吸。

村庄里充斥着怪异的宁静气息，人们窃窃私语着无踪迹的鸟儿，内心一阵迷茫和恐慌。原本鸟儿成群结队觅食的地方，变得荒凉冷清，可以看见鸟儿的地方，只见它们都在不停地战栗，奄奄一息的它们，已经无法飞翔。这是悄无声息的春季，曾经的乌鸦、鸽子……的歌声荡然无存，剩下的只有无声的沉默环绕着田野、丛林、沼泽地。农场里的母鸡照例在孵蛋，却不再有小鸡破壳而出；新生的猪仔小而多病，无法长活，农夫忧心忡忡地说着自己再也不能养猪了。苹果树的花即将开放，却等不到蜜蜂采摘授粉，苹果树也不再有果实。

从前，这条小路两旁花团锦簇，那么夺人眼球，而如今，一切像是历经了一场火灾，所有的植物都枯萎了，溪水都毫无生气，所有的鱼都死亡，再也无人垂钓。

几周以前，还像白雪一样散落在田野、屋顶、草地和溪流里的白色粉粒，如今，只能在屋檐下的雨水管里和屋顶的片片瓦砾间寻到些痕迹。

这里的生命，这里的世界，一切一切的变化，无关魔法，无关外敌，只关人类行为。

前文所说的城镇，是虚拟出来的，可是，在美国以及世上任何一个地方，都很轻易能找到成百上千个这样的城镇。我很清楚，没有一个小镇遭受过这所有的灾难，可事实上，上述的每项灾祸，早已在这个世界的某个角落上演着，并且的确有很多城镇已经遭受了很多不幸。人们一直忽略了身边事物的变迁，以至于，狰狞的幽灵来袭却未为人察，这个虚幻的城镇式的悲剧，也许很快就会轻易地成为现实，成为人人皆知的活例子。

那么，到底为何，美国数以千万计的城镇的春季，都从繁花盛开变成了寂静无声呢？本书尝试着去寻找一个答案。

忍耐是一种义务

我们生活的这个地球，其关于生命的史实，长久以来就是生物和环境相互作用的史实。我们可以这么说，很大程度上，是环境，造就了地球上动植物的初始形态和行为习惯。单看地球存在的时期，生命对于环境的改造作用是微乎其微的。只是在人类这种新生命物种出现后，生命开始逐渐拥有改变自然环境的能力。

曾经，四分之一的世纪中，这样的改造能力还不至于形成骚扰，只是已经致使环境发生了些变化。人类改造环境的过程里，最让人吃惊的，是空气、土地、大海遭受了威胁，或是受到了严重的污染。在很大程度上，这种污染很难洗净恢复，这些污染不止进入了养活生命的自然环境，还进入了人类自身的体内。这是个罪恶的循环，难以被改变。化学药物，对于目前的环境污染和自然界生命性能的改变，是有害的，其危害性起码能够和放射性危害同等。核爆炸时，会释放出锶 -90，这种化学物质会被雨水和飘尘冲刷，散落在大地上，渗入泥土中，还会深入土地上生长的小草、谷物和小麦里，进而逐渐进入人体的骨头中，无法清除，直至消亡。同样地，那些进入田野、森林和花园中的化学药物，也会在土壤里存留，进而进入人体生物组织里，引发中毒、死亡等现象。这是个不停转移和传递的链条。有时候，这样的有害物质会通过地下水隐藏起来，等待着重生时刻，与空气和阳光发生作用，产出新物质，伤害动植物；还会在无意识中，潜进饮用井水的人们体内。阿伯特·斯切维泽曾说："人类总是难以分辨自己造就出来的魔鬼。"这句话形容得如此贴切。

地球上现居住的生命体，是历经千百万年才出现的，整个过程里，生命持续地在发展、演变、进化，和周边的自然环境逐渐形成生态平衡。环境造就了生命，控制着生命，同时，其中的一些元素还会危及生命安全。岩石里会有危险性的射线放出，就连生命赖以生存的能量来源太阳光，其中也存在着危害性的短波射线。对生命而言，更改本来的平衡状态，所需的时间是千年以上的。时间，其实是最本质的元素，只是如今的世界，变化万千，飞速发展的过程已经来不及去做更改。

自然的脚步是缓慢且从容的，而人类的脚步是激烈而草率的，新状况快速出现并发生转变，这已经可以证明，人类的步伐远超自然。放射性元素，其实早在地球上无生命的时代就存在了，它们藏于岩石本底、宇宙射线爆炸以及紫外线，而现有的放射性元素其实是人类。从前，生命在自我整改时所面临的化学物质是岩石冲刷出的和江流汇入大海的那些钙、硅、铜及一些无机物，而现在，已经不止这些了，还包括人类用自我智慧在实验室里发明出来的人工合成物，只是这些物品，自然界里无法找出对应物。

要在自然这个天平上对化学物质做出整改，需要的不只是一个人的一生，还牵扯世世代代、祖祖辈辈的时间。就算是奇迹出现，让这些化学物质得到整改，也是于事无补的，毕竟新的化学物质正源源不断地从实验室里汇出。就美国而言，每年就有近500多种化学物质流出，并影响到现实生活。化学物品的形式多样，性质复杂，不好把控。不论是人类，还是动植物，每年都会去尽力适应500种未有生物尝试过的化学物质。

多数的化学物质，都被人类用以对抗自然界。自19世纪40年代中期开始，人们造就了200多种基础的化学物质，目的是除草、除虫、猎杀啮齿动物，以及被人们称之为“害虫”的生物。这些化学物品都明码标价，冠以上千种不同名称销售。

喷雾器、药粉和喷洒式药水，几乎已经成了所有农场、果林、家庭的必备品。而这些化学物质，不分对象，拥有杀死所有昆虫的威力。也就是因为它们，鸟儿的歌唱声不再响彻山林，鱼儿的畅游身影不再雀跃于溪水中，连片片的树叶都染上了致命的薄膜。它们存在的初始目的，不过是除去少数的杂草和害虫，最终却渗入泥土，长埋于此，不死不灭。谁都无法相信，在地球表面喷洒这些有毒物质后，生命还可以安然无恙。它们已经不单是“杀虫剂”，俨然“杀生剂”。

对于药品的应用，似乎是个无止境的过程，一直呈现螺旋式的增长。DDT的公开使用，和许多有毒物质的发明，显示出一个持续升级的过程。依照达尔文进化论的适者生存理论，昆虫能够进一步地进化升级，以此获取抵抗杀虫剂的能力。人类为此发明出更加有效，甚至致死的药物，然后昆虫进一步地适应它，抵抗它，人类又再一次地更新药物的毒性。除此之外，还有一个原因也会导致这样的情况发生，即害虫会时常复活或“复仇”。换言之，杀虫剂喷洒以后，害虫的数量不减反增。如此一来，化学物品的战争无法取得胜利不说，地球上的所有生命，在这场战争里都受到了侵害。

人类有被核战争毁灭的可能性，同时，人类的生存环境已经被潜藏的有害物质污染，而且已经进入到动植物的体内，保持不死不灭的状态。甚至于，一些有毒物质已经生殖于细胞中，使得遗传物质受到损害，或者被迫改变。

一些设计师，自称为人类未来做贡献的人，欣喜地觉得终有一天能随意地设计和变更人类细胞原生质，可是，据如今不受重视的我们的研究，那些如放射线这种可改变基因的化学药物，已经做到了这一点。换句话说，使用一种杀虫剂，这件原本眇乎小哉的事情，竟然可以左右人类的未来。细想一下，这对人类是个多么大的讽刺。

人们冒着风险做了这些，目的何在？未来的历史学家在研究这段史实时，或许会因为我们对利弊的分析毫无判断力而感到诧异。一个人，只要有理性，定会竭尽所能地去掌控不想要的物种的生长，却断不会做出污染了环境，还滋生疾病，甚至威胁自己的生命安全这种损人不利己的事情。然而，我们现在所做的一切正是如此。另外，我们对查出的缘由无能为力，所以才会这样去做。听说保持农场的生产需要杀虫剂的存在，可是真正的问题就在于“生产过剩”。我们开始不思量如何去改变亩产量，而是给了农夫钱却不让他们生产，因为每年，农场都有太多过剩的谷物。而美国的纳税人，仅仅在1962年这一年里，就已经付出了超过10亿美元的金钱用于剩余谷物仓库的维修。农业部其中一个支局，尝试着去降低生产量，其他州的做法则和1958年一样，即相信在土地银行的规定下，谷物亩数的减少，会使得化学药品使用率增大，以此来提高产量。

这并不代表害虫的问题已经解决，或者说，不需要再进行控制了。我想说的是，对害虫的控制不能罔顾真实情况，不应该想得太过天真美好，且消灭的方法只应是针对害虫，并非要摧毁自己。

我们尝试着去解决这个问题，却因此带来了许多的灾难和危机，而这些都是我们文明生活的产物。人类出现以前，是昆虫生存在这个地球上，它们是一群和谐相处的生物，且种类多样。自有了人类以后，原本50多万种的昆虫，有一部分成为人类的敌人。它们或为人类食物，或传播疾病。

在人群聚居的地域，疾病的传播是个值得重视的问题，尤其在天灾、战争，或贫穷期等卫生状况不好的条件下，控制昆虫就成了必要之事。在不久的将来，我们会看见一个现象，即喷洒的大量化学药物只是暂时性地控制住了昆虫，取得了短暂的胜利，却让原本想要改善环境的目的变得更加艰难。

原始的农业社会，农夫耕作时，鲜有昆虫问题。农业发展以后，也就是在大面积地耕作同一种谷物时，问题随之而来。这种耕作方法，使得一些昆虫的数量迅速增长。仅仅耕作一种谷物，这其实有悖于自然规律，它不过是工程师们想象出来农业形式。自然给这片土地以绚烂多彩的颜色，多种多样的生物类型，可人们却乐此不疲地去简化它。以前，自然界是因为这种生物多样性，才能保持生物格局的平衡和稳定，生物的种类也是有限度的，只是人类的做法摧毁了这种平衡局面。限制每种生物生存的适合面积，这是一个很重要的格局。显然，食麦昆虫更加喜欢在一大片全是麦子的田地里繁衍生息，而对于混合型的农田，它不会如此活跃。

相同的情节，在其他领域也有发生。上一代，或许还要更久远的时代，美国大城市里，道路两旁全是高高的榆树，如今，一种昆虫带来了疾病，且迅速传播。如果榆树是和其他树种一起栽种，那么昆虫的繁殖和蔓延不会如此迅速，也许会受到限制或一定程度上的阻碍，可正是因为只有一排排的榆树，它们才会面临彻底毁灭的危机。

要讨论现代昆虫的问题，考察地质和人类历史背景，是很重要的。上千种类型的生物，开始逐渐蔓延侵入新区域，而不是局限于原生长地。对于世界性的迁徙，《侵入生态学》一书做出了详解，这是英国生态学家查理·爱登近期的著作。几百万年前，白垩纪时期，海水泛滥不休，造成大陆间的陆桥被隔断，生物由此发觉，自己正处在一个巨大而独立的自然保留地中。它们和其他伙伴分离，与世隔绝，慢慢发展出很多新的种属。约在1500万年前，这些分离的陆块被重新连接，物种开始迁徙，直至现在，仍然进行着，且人类对于它们的迁徙做出了很大的贡献。

现代昆虫之所以会传播，缘于植物的进口。动物随着植物迁徙，这几乎是一个永恒的定律。检疫这项过程，只是个新的手段，并不能完全有效地隔绝这种状况。单单说美国的植物局，从世界各地进口的植物就近20万种。其天敌就是在引进植物时意外带来的，且大部分都是随着植物而来，就像是旅途中搭了顺风车一样。

这些天敌在“故乡”的生存空间日益减少，于是只能“背井离乡”。这样一来，它们在新的地盘疯狂繁殖，因为这些地方通常还没来得及建立起有效的防御措施。这也就是为什么，那些我们厌恶已久的昆虫，多半都是“外来生物”，这绝非偶然。

这种入侵事件，好似一直不停地发生着，有天然的，也有因人类行为帮助而导致的。检疫的方式，以及化学药物的大幅应用，只可以“买”来一点点的时间，代价却很昂贵。爱登博士说，为了生存或死亡，我们需要找寻有关动物繁殖的知识，以及环境和它们之间关系的知识，而不只是一味地找寻可以毁灭它们的方法，这也是我们目前所面临的状况。这种做法，对于安稳的生态平衡的建立，是有效的，同时，还可以控制害虫爆发的力量，及阻止新的物种的侵害。

我们有很多没有用上的知识，但其实这些必需的知识完全能够被应用。大学培养了许多生态学家，可是鲜有人雇佣他们；而政府部门，虽说聘请了生态学家，却总是忽略他们的意见。那些会给人带来巨大灾难，甚至是死亡的化学物品，像雨滴一般落下，随之喷洒，而我们对这一切，似乎都无能为力。可现实是，办法有很多种，就摆在眼前，只要有机会，我们一定可以发现它。

是不是这样一种迷茫之境，使得我们不得不去忍受低质、有害的命运，从而丧失了意志和判断力，而我们此刻是否已经深陷其中？我们凭什么要去接受这些有毒物质？凭什么要承受，让一个家庭处于枯燥之中这种事情？凭什么要去忍受，和本来不一定会是我们敌人的东西去战斗？凭什么我们要一边担心精神受损，一边又忍受噪声的存在？没有人愿意活在一个只有悲剧的世界里。

可是，这样一个悲剧的世界，正一步步向我们走来。创建一个没有化学毒物和昆虫病害的世界，这场十字军运动，似乎激发出了很多所谓专家和环境保卫处的人的激情。每个方面都有证据显示，喷洒药物这项工作是残忍的。“那些从事着调解工作的昆虫学家，就像是起诉人、法官、陪审团或是收款员、司法官，因为他们执行任务时都是一样的。”康莱尤卡特的昆虫学家尼勒·特诺曾这样说道。无论州或联邦代理处，都没有阻止滥用农药这件事，并且让它继续发展着。

我不是否认使用化学杀虫剂。我所争论的点在于，我们没有把化学药品进行区分，哪些是有毒物质，哪些才是对生物有效用的物质，而只是一味地、大量地、完完全全地交付于人，却不了解它的潜在性危险。我们致使许多人接触到这些有毒物质，却没有征求过他们本人的意愿，甚至于对他们加以隐瞒。我们不能说，是先辈的智慧和预知能力有限，没有考虑到这些问题。因为民权条例已经明确地规定：公民有免受私人或公共机关散播致死危险的权利。

之后我要着重强调的是，我们默许了化学物质的使用，却少有去研究它们对土地、水质、生物以及人类自身的影响与作用，甚至完全不管不顾。我们对于承担着所有生物生命的自然界，有着保护它的使命，对于履行该使命一些过失，后代子孙未必会宽容接受。

对于自然界正受到威胁这件事，我们的了解还很少。如今是专家时代，可这些专家却只顾眼前的问题，从不去思考和理清楚小问题背后的大问题是否偏狭。如今，也是个工业时代，不顾一切去挣钱的权利，很难被责难。当一些杀虫剂造成的有害结果的证据被摆在公众面前，他们由此提出异议时，只需真情的镇定丸就可以让他们满足。我们迫切需要解决的问题，就是去终止这样虚伪的承诺，以及揭开包裹着令人恶心的真相的漂亮外壳。那些昆虫管理人员预测的危险，却要求公众去承受。民众该决定，是否应该在现在的路程上继续下去。金·路斯坦德说："忍耐的义务给我们知道的权利。"

死神之药

世界历史上首次出现这样的情况，即所有人从胎儿未出生直至死亡整个过程中，都会接触到化学物质。合成的杀虫剂，不过才应用了 20 年，却已在整个自然界广泛流传。我们在很多重要的水系，乃至地下水的潜流中部，已经检测到了这类的药物。10 多年前，曾经使用过的化学药品，还残留在土地里。它们广泛地侵入到飞行动物、爬行动物及家养、野生动物的身体里，并且默默地生存着。科学家想要找一个未受侵害的实验品，可能性是很小的。

我们在很多物种身上都检测到这些物质，如荒野河流的鱼类，蠕动在泥土里的蚯蚓，鸟类的蛋，甚至是人类自身。如今，这些药物不分年龄层次地储存在人体内，可能是母亲的奶水，或未出生婴儿的组织细胞中。

那些制造有杀虫功效的人造化学物质的工业，开始兴旺起来，这也是以上现象出现的原因。二战孕育出了这种工业。而在化学战的不断延续中，人们察觉到，实验室制造的物品，可以灭掉昆虫。因为昆虫总是普遍被作为实验品，替人类去接受死亡，所以察觉到药物的这一作用也是必然的。

这样的结果，使得人为合成的杀虫剂如不断流淌的溪水。人类在实验室中用精巧的技术，操纵着这些原子和分子，改变它们原来的顺序，使得这些人造产物，不再只是化学战以前那种无机物杀虫剂。砷、铜、铝、锰、锌及其他元素的化合物，这些天然的矿物质和植物生成物，是从前药物的来源。

新的合成杀虫剂，和其他药物的生物学效用是不一样的。它们有着强大的效力，除了可以毒害生物外，还能侵入人体重要的生理系统，使得生理过程发生致命的病变。如此一来，我们必将会发现，它们破坏了体内的酶，而这些正好是保护身体不受伤害的物质；它们使得细胞内部渐渐产生无法扭转的变化，而正是这样的改变，才让人体出现恶性病变。

可是，每年都有不同作用的新化学物质被造出，这些化学物质的杀伤力更胜从前，且就是因为不断地研究，才导致这些物质频繁地与人类接触，其范围已经扩展至整个世界了。美国合成杀虫剂的数量，已经从 1940 年的 124，259，000 磅猛增至 1960 年的 637，666，000 磅，是原来的 5 倍之多。这些物品的总值早已远超 2 亿 5 千万美元，可单单从工业计划和发展远景来看，这只是一个开端而已。

所以，《杀虫药辑录》这本书对所有人来说都很重要。倘若我们要与这些药物一同生活，亲密地接触，吃喝都少不了它们，甚至骨髓里都有了它们的存在，那么了解一些它们的性质和药效，是比较好的选择。

虽说，二战使得无机物杀虫剂，转换成碳分子，是奇观世界形成的标志，可有几种就原料还是被应用着。最主要的就是砷，依旧做着除草剂和杀虫剂的基本元素。砷属于无机物质，却有着很高的毒性，在各类金属矿中含量很高，而火山、海洋和泉水里很小。它与人类的关系是复杂多样的，且有一定的历史延续性。砷是无味的，因而早在波尔基亚家族时代之前，就成为普遍的杀人剂，时至今日也是如此。首个被确定为基本致癌物的，就是砷。约在两世纪之前，英国一位医师，通过研究烟囱里的烟灰，鉴定出砷和癌有关联。

长期以来，让人类慢性砷中毒的流行病，也被记录过。受到砷侵入的环境，已经使得牛、马、猪、羊、鱼等动物生病或死亡，虽然这种现象被记载了，可是，人类还是普遍地使用着有砷的喷雾剂和粉剂。美国南部，一个生产棉的地方，长期使用着砷喷雾剂，以至于专业的养蜂业几近破产。而那些用砷粉剂的农民，也慢性砷中毒，因此受到苦难和折磨，家畜也因为人类使用含有砷的田禾喷剂和和除草剂，从而遭受有毒物质的侵害。蓝莓地里的砷粉剂，随风飘散，落到附近的农场里，侵害了溪水，毒害了蜜蜂、奶牛，还让人类沾染上疾病。W·C·惠帕博士是环境癌病方面的专家，他曾提到，我国目前是彻底漠视公民的身体健康的，这样的态度已经到达极致，在对含砷物的处理上，再没有比这更漠视的态度了。只要是看过那些含有砷的杀虫剂、喷洒药物是怎么使用的人，必然不会忘记。

现代杀虫剂对人体的伤害更大，导致死亡的效力也更强。现代杀虫剂中，多数都属于两种化学药物里的其中一种。DDT 的代表是氯化烃，剩下的一种含有有机磷杀虫剂成分，比较熟悉的代表是马拉硫磷和对硫磷。碳原子是组成它们的中药成分和主要元素，这也是二者的共同点。同时，因为碳原子是生命必需的一部分，也就被归为有机物一类。我们要研究它们，就一定得知道它们的构成要素，同时要弄明白，它们为何会变异成致死剂。就算这与一切生物的基础化学是相互联系的，也需要我们去探究原因。

碳，是一种原子能力基本等于无限的基本元素，并且，相互之间可以组合成链条形状或环形或者其他形状。不只如此，不同物质的分子，也可以通过它链接组合。事实上，小到微不可见的细菌，大到海里的鲸鱼，所有的生物多样性，也是因为碳的存在和它的作用效果。脂肪、碳水化合物、维生素等复杂的蛋白质分子，其基础都是碳原子，而数量很多的非生物，基础也是碳原子，碳不一定就代表着生命。

一些有机化合物，只是碳与氢的组合。例如，甲烷、沼气形成的原因是自然界中被水浸透的有机物质里的细菌进行了分解。如果配以合适的比例，甲烷可以和空气组合成为瓦斯气。它的结构简洁且美观，四个氢原子附着在一个碳原子上。科学家通过研究发现，可以去除一个或者所有的氢原子，改以别的元素代替，比方说，一个氯原子替代一个氢原子，这样就形成了氯代甲烷。

倘若，我们用氯来代替三个氢原子，就形成了常用的麻醉剂氯仿，也就是三氯甲烷。如果把所有的氢原子都换成氯原子，就会形成四氯化碳，也就是俗称的洗涤液。

简单说来，围绕着甲烷分子而产生的不断变化，正解释了何为氯化烃。但是，这样的解释，对于烃的化学复杂性，以及有机化学家创造多样物质的行动来说，只不过是个很小的提示。因为它不是那种只有一个碳原子组合而成的烃原子，排列形成环状或链状，并且，还会有很多化学键依附于这些链条上，它是多样的原子团，不只是氢原子和氯原子那么简单。物质的特性随着外观的改变而变动，简单说来就是，碳原子身上附着的是什么元素，也很重要。这种巧妙精细的操作已经成为实际很有杀伤力的毒剂了。

DDT的全称是双氯苯基三氯乙烷，1874年，一位德国化学家首先合成了它，不过，直到1939年，它才被作为杀虫剂使用。然后，在彻底除去害虫带来的传染疾病，和替农民们除去害虫的方式里，它被盛赞。而发现他的保罗·穆勒曾经获得了诺贝尔奖。

DDT如今被普遍地使用着，很多人觉得，它不是有害物质。或许，说DDT无害，最初可能是这样的根据：一开始，DDT是用于去掉千百万的士兵、难民以及俘虏们身上的虱子的。多数的人和DDT有过亲密接触，却没有受到伤害，因而人们自然地认为，DDT是无害的。事实上，粉状的DDT，很难被皮肤吸收，所以才会让人产生这样的误会。倘若混上油，DDT依旧会有毒性，如果是吞噬了，就会通过消化道被人体吸收，或是肺部吸收。因为DDT自身是脂溶性的，所以只要进入人体，就会大量地留在脂肪质的器官里，比如肾上腺、睾丸和甲状腺。多数都储存在了肝、肾、肠系膜的脂肪里。

DDT存留在食物里，是用残留毒性的方式，这种储存过程是从可以理解的最小量开始，直到达到了一定高度的储存水平，就不会再增长了。含有脂肪的存储地，有着生物学放大器一般的作用，所有像是食物的千万分之一这么微小的量，到了人体内，也会累积百万分之十至十五的量，增长了100倍左右。这种参考系的话语，对大多数人来说，是陌生而无法理解的，但对化学家和药物学家来说，却像是家常便饭一般。的确，百万分之一，光听就知道是十分微小的量，可物质本身的作用力就很大，用这些微乎其微的量，就可以引发体内的巨变。动物实验里，我们发现，仅仅是百万分之三的量，就能使得心肌中一个主要酶停止运动，仅仅百万分之五的量，就可以使得肝细胞坏死瓦解，和 DDT 类似的药物，如狄氏剂和氯丹，仅仅千分之二十五，就能发挥出同等的效力。

这个情况的确不足以让人吃惊，毕竟正常情况下，也有这种小问题引发严重后果的事情存在。例如，碘，仅仅是一克的万分之二，就决定了一个人是健康或疾病。这些微量的杀虫剂，可以长期且一点一滴地存留，可人体要清除或排泄出去的过程很漫长，因而肝脏或者其他器官很容易慢性中毒，或是导致退化病变。

到目前为止，科学家都无法给出统一明确的说法，解答人体究竟能够储存多少 DDT。阿诺德・李赫曼博士，是食品和药物部的药物主任，他曾说过，DDT 没有一个明确的标准。换句话说，我们没有标准去定义说，只要在此标准之下，就不会吸收到 DDT，只要在此标准之上，DDT 的吸收和存留就不会继续增长。威兰德・海斯博士，是美国公共卫生处的，他对此有不同意见，他坚定地认为，所有人的身体里都会有一个平衡点，只要超过这个点，DDT 就会终止增长，被排泄出来。两种说法到底哪个对哪个错，对于实际的目的性来说，都不是重点。经过调查显示，DDT 在人体中的储存有潜在的危害性。研究表明，除了进食这种不能避免的原因外，受毒的个体，平均储量是百万分之五点三到百万分之七点四；从事农业的工人是百万分之十七点一；而在杀虫剂工厂工作的人，平均储量多达百万分之六至百万分之四点八。由此可见，DDT 的存储范围是很广的，并且，更重要的一点是，在这些所显示出的数据量里，最低的量都有伤害肝脏以及器官的可能性，且已经达到了标准之上。

DDT 可以通过食物链，从一个机体传至另一个机体，这也是它和同类药物的共性，一种最为险恶的特性。比如说，在苜蓿地理喷洒了 DDT 药剂以后，家养的鸡吃了这样的饲料，所生出来的鸡蛋里就有 DDT 成分；再者，DDT 浓度为百分之七到百分之八的干草，被用来饲养奶牛，那么牛奶里就含有了 DDT，且量达到了百分之三。如果这个牛奶被加工制作成奶油，DDT 的含量就会增加，高达百分之六十五。原本 DDT 的含量是极其稀少的，经过转移浓缩，含量反而会慢慢增多。尽管食品和药物部门，禁止商业运输含有杀虫剂余留毒素的牛奶，可是，农民们发现，现今很难找到没有被污染过的干草饲料。毒素有可能会从母体传给下一代。因为科学家已经从人奶中提取到了 DDT 残留物品。这表明，以人奶喂养的婴儿，在接收着外来毒物的长期补给，而他本身体内就含有毒性。不过，我们有充分的理由相信，当婴儿还在子宫内时，就已经遭遇了中毒的危险，所以这并非他第一次遇到这种情况。我们以动物作为实验，发现氯化烃这种药物可以在胎盘内自由地来回穿梭。一直以来，胎盘都是一个防护罩，保护着母体内的胚胎，以此隔绝着有害物质。婴儿对毒性的敏感程度大于成人，所以就算他本身吸收的药量很少，也是有很深影响的。

有害物质在人体的储存，乃至低标准的储存，以及它们的聚集，和使得肝脏受损的情况的出现，这一系列的事实都让粮药部的科学家在 1950 年宣布，我们很可能一直都低估了 DDT 的潜在危险和影响。迄今为止，医学史上都没有出现过类似的事件，所以结果究竟会是怎样的，没有人知道。

还有一种氯化烃，叫作氯丹，它不止有DDT的所有让人讨厌的特性，自身还有一些属性。它的余留毒素，会长期地永久存储在油、食物里，或是任何可能敷用过它的物品的表面。它用尽所有手段方法，进入人体内部，通过皮肤的吸收作用，被当作喷雾或粉屑吸收，如果吞食了它的残留物，就会被消化道吸收。氯丹和所有的氯化烃一样，会随着时间慢慢积累。原本含有百分之二点五氯丹的食物，以动物实验来看，最终会转化为百分之七十五的量。

1950年，经验丰富的药物学家李贺蛮博士，对氯丹做出如下评价：任何人触摸到它都会中毒，它是所有杀虫剂里毒性最强的。郊区的居民忽视了这一警告，还是随意地把氯丹加入治理草坪的粉剂里。郊区居民没有立马发病，可是毒素已经长时间地潜伏体内，等到几个月或几年后再显示出来，是无法查出根源的。不过，有时候，死神是很快降临的。一位把百分之二十五的工业溶液洒到皮肤上的人，在40分钟以内就中毒身亡，连医药救护都还没来得及实施。这种中毒的症状，是无法预知然后提前做好抢救准备的。

七氯是氯丹的成分之一，在整个行市里是一种独立的科技术语。它可以在脂肪里储存，食物里含量小到千万分之一的七氯，到了人体内，可能就会达到可计算的数量。它还可以发生变化，成为环氧七氯。土壤、植物和动物的组织细胞膜内，都会产生这种变化。通过对鸟类进行实验发现，这种变化带来的环氧，使得药物毒性增强，而本身原药物的毒性就是氯丹毒性的4倍。

1930年的中期，有种特殊的烃，名为氯化萘，它可以使得被职业性药物危害的人得肝炎病，或是罕见的肝类绝症。它们使得电业工人患病或死亡，近期农业上还引发牛畜等致命的病症。和烃有关的剧毒者是狄氏剂（氧桥氯甲桥萘）、艾氏剂（氯甲桥萘）以及安德萘。

为了纪念德国化学家狄尔斯，所以称为狄氏剂。如果是吞噬入人体，其毒性是 DDT 的 5 倍，如果是以溶液形式皮肤吸收入人体，毒性是 DDT 的 40 倍。它的发病时间很短，对神经系统有影响，使得受害者出现惊厥现象，所以很快就出名了。中毒的人恢复起来需要很长时间，且很缓慢，因为它的毒性是慢性的。其他的氯化烃药效是损坏肝脏。狄氏剂的残留毒性可以持久且漫长地灭虫，所以成为杀虫剂的种类之一。可是人们没有想过随意使用的后果，尤其对于那些野生动物的毁灭性后果。通过对鹌鹑和野鸡的实验证明，狄氏剂毒性是 DDT 的 40 ～ 50 倍。

我们不明白狄氏剂是如何存储和分布在人体内的，对于它的排泄也不得而知。科学家发明杀虫剂的创造，已经远超过毒物如何伤害活体肌体的知识。可是，很多现象都证实了，毒物长期地储存在人体内。人体内的沉积物就像是爆发前的火山，安静地潜伏，等到身体内的脂肪积累到一定程度再进行爆发。其实，我们真正明白的一些东西，都是从世界卫生组织对抗顽疾的艰苦经历中懂得的。当防止疾病的运动把药物从 DDT 转为狄氏剂后，喷洒药物的人中，中毒的病例就层出不穷。其发病的症状是强烈而迅速的，超过半数的不同程度不同病症的人发生痉挛然后死亡，一些人在中毒后 4 个月以后，才发生惊厥。

具有神秘性的艾氏剂和狄氏剂有着很深的关系，虽说它是独立存在的。在一个喷洒过艾氏剂的苗圃里，当你拔出胡萝卜时，会发现里面残留着艾氏剂的毒。这种变化发生在活的肌体和土壤里。这种转化引发了许多错误报告。一个化学师如果知道使用了艾氏剂，然后再来检验它时，会错误地认为所有的艾氏剂毒性已经被祛除干净。可是，余毒以狄氏剂的方式存在，只是他们没有做实验去检验。

艾氏剂和狄氏剂一样，是有毒的，会引发肝脏和肾脏退化病变。用了阿司匹林那样药片大小的量，就可以杀死400多只鹌鹑。根据记录显示，人类中毒的病例，大部分都和工业管理有关。艾氏剂和同组杀虫剂的药物一样，威胁着人类的未来——不孕症阴影。例如，你给野鸡吃了微量艾氏剂，虽不至于将其毒杀，却可以使得它少生很多蛋，并且，孵出的小鸡很快死亡。而这不只是飞禽才会受到的影响。老鼠如果有艾氏剂的毒，受孕率也会降低，幼鼠也是病态的，不能长活的。母狗也是相同的遭遇。新生命总是由于母体的中毒而遭难。没有人知道，在人类里，是否也有相同的作用，可是这种药物已经经由飞机喷洒，蔓延在城郊地区和田野里了。

所有的氯化烃药物里，安德萘的毒性是最强的。它的化学性能和狄氏剂有很多类似点，但分子结构决定了它的毒性是狄氏剂的5倍。因为安德萘的存在，显得DDT这个鼻祖几乎无害。对哺乳动物而言，它的毒性是DDT的15倍，对鱼类而言，它的毒性是DDT的20倍，对部分鸟类而言，其毒性是DDT的300倍。

人类使用安德萘十年，期间有数不清的鱼类被毒杀，不小心进去果园的牛畜也无法幸免于难，连井水都被污染。以至于起码一个州的卫生部严重警告：草率地使用安德萘，是对生命的极大威胁。

有一个安德萘中毒事件，在处理它的时候，似乎面面俱到，没有疏漏，也做出了许多表面很有用的防御措施。一位满周岁的美国小孩，跟随父母到委内瑞拉居住，房屋内有蟑螂，所以他们用含有安德荼的药剂喷洒了一次。一天，上午九点，他们开始喷洒药物之前，小孩和家犬都被带到房屋外，药物喷洒结束后，开始清洗地板。下午小孩和小狗回房间，不出1小时，小狗呕吐，惊厥而死。当晚十点，小孩也是呕吐惊厥而失去意识。这次事件以后，原本健康的孩子变得像个木头人，听不见，看不见，动不动就肌肉痉挛，和世界隔绝。孩子在纽约一个医院接受治疗，数月以来，都没有改变现状，没有希望。负责人医师的报告里是这样说的:“是否会有好转康复的现象，很难预料。”

烷基和有机磷酸盐是第二大类的杀虫剂，世界上最毒的药物之一。它的使用，带来的最明显的第一个现象，就是使用这种喷洒药剂的人，或者是只要沾染了被风吹散的药物，或是有人接触过有它的药剂的废弃容器，他们全都会急性中毒。佛罗里达州的两个小孩，用一只空袋子修补秋千，不久他们都死去了，而其他三个伙伴也生病了。实验证实了死亡正是对硫磷中毒所致。这个袋子曾经盛过杀虫剂，名为硫磷，一种有机磷酸酯。还有一次，是在威斯康星州，两个堂兄弟，一个在院内玩耍，父亲正在给马铃薯喷硫磷洒药剂，其药物就从地里飘来；另一个和父亲嬉闹进入谷仓，把手放在喷雾器的喷嘴上，他们就这样中毒，在同一天夜里死去。

杀虫剂的来历，从某种程度上来说，具有讽刺意味。像磷酸的有机质一样，很多药物本身是一直都很有名的，可是直到20世纪30年代晚期，才被一位德国化学家发现它们的杀虫功能。同一时间，德国政府几乎就已经认同了这些药物的价值作用。

人类在战争中自发研究的武器和药物带有毁灭性，而他们自己，把这些药物的研发工作，当作一种秘密行动。一些药物成为致命的毒气，导致神经错乱，还有些同类型的药物，成了杀虫剂。

有机磷杀虫剂，可以毁坏在身体内有重要功能的酶类——这些酶对活机体有特殊作用。一般情况下，乙酰胆碱帮助神经脉冲进行化学传导，一条条神经地传过去，而它本身就会在完成职责以后消失。事实上也是如此，如果医护人员不使用特殊方式的话，无法在人体毁灭它以前对其提取样本，进行实验研究。这足以证明，它的生存是真的转瞬即逝。但它这种迅速而短暂的生命是人体所必需的。因为一旦它完成了传导功能以后，却没有消失殆尽，其功能会被加强放大，会导致人体整个身体机能不协调，发生颤抖，肌肉痉挛，惊厥，甚至是死亡。

我们的身体，对于这种偶发性的情况，已经做好了充分的应对准备。当身体不需要传导物质的时候，一种叫作胆碱酯酶的保护性酶就会将其毁灭。因为这种方式的存在，对身体进行了功能调节，所以人体一直也没出现过一些胆碱超标威胁人体健康的情况。但是，有机磷杀虫剂会破坏保护酶，而一旦保护酶减少，传导物质含量就会累积增加，超过人体标准。单从它的这种作用看来，有机磷化合物和有毒蘑菇是类似的。

如果总是不断地遭受药物的侵害，那么，胆碱酯酶的含量标准就会下降，等到一个人生命垂危之际，倘若再受一点点小伤害，就是致命的。因此，那些操作喷药和时常会接触、有中毒威胁的人，定期检查血液是很有必要的事情。

对硫磷，是药性最强、最危险的药物之一，也是用途最多的有机磷酸酯之一。蜜蜂一旦接触它，就会变得狂躁不安，骚动不堪，疯狂好战，不停地开始挠，不到30分钟就会死亡。一位化学家，想要知道对于人类来说此药物发挥剧毒功能的药量是多少，因此，他选择了直接服用药物的方式，吞服了约0.00424两的微量药剂，然后药物很快发生作用，他瘫痪了，无法触及提前备好放在身旁的解毒剂，就这样死去了。听说，对硫磷目前是芬兰人最喜欢的自杀药物。年关将近，加利福尼亚报道出，每年平均会发生200多起意外的对硫磷中毒事件。对硫磷在全球许多地方的影响也是惊人的，1958年的印度有100起致命事故，叙利亚有67起，而日本每年平均就有336起。

但是，如今因为人工的喷雾器、电动鼓风机、飞机等播撒手段，有700万磅左右的对硫磷被使用到美国的农田和菜园里。有位医学权威曾经说，加利福尼亚农场里所含有的药量已经足以毒杀5～10倍的全世界人口。

因为对硫磷和其他同类药物的分解是很快的，所以，少部分情况下，我们也能够避免被药物毒害。因此，它们并没有像氯化烃一样，长时间对庄稼进行毒害。可是它们在短暂的时间里已经可以造成致命的伤害。在加利福尼亚里弗赛德，有30个人采摘柑橘，其中11人生了重病，除一个住院质检员外，其他人都是典型的对硫磷中毒。大概在14.5天以前，橘林被对硫磷药物喷洒过，毒物残留已经有16～19天。可是使得采橘人发生干呕、半盲或者是半昏迷的情况，这不属于毒性残留的正常时长。不过一个月前，橘林也有相似的事故出现，并且当人们用标准剂量进行处理后，柑橘果皮里仍然发现药物的残留毒性，此时时间已过去6个月之久。

因为果园、田野里喷洒的有机磷杀虫剂对人体造成了严重的伤害，所以使用这些药物的州已经建立了实验室，有专门的医师诊断和医疗帮助。这些诊治的医生在医治中毒患者的时候，一定要戴上橡皮手套，否则他们自己也很容易被毒物侵害。妇女洗的衣服上可能残留对硫磷，因而她们也会有中毒的危险。

还有一种有机磷酸酯和DDT一样为人熟知，那就是马拉硫磷。园艺工人很喜欢使用它，普通人家灭蚊虫也常用它，甚至对昆虫实施总的消灭行动也是用它。比如说，佛罗里达州的一些区域里的社区，就会把它喷洒到将近百万英亩的土地上，以此来消灭果蝇。因为马拉硫磷的毒性公认最小，加之商业广告的宣传推广，人们理所当然地认为这对人体无害，可以毫无顾忌地使用。

说马拉硫磷是安全的、无害的，其数据来源却并不安全可靠，虽然是在多年以后人们才察觉。之所以说它“安全”，是因为对于哺乳动物而言，有一个起着保护性作用的器官，那就是肝脏。肝脏里有一种酶，可以解毒，以至于毒性对人体无害。不过，倘若酶被一些物质损坏或者受到干扰无法正常工作，那么那些曾受到马拉硫磷侵害的人，会承受所有的毒素。

然而不幸的是，因为这种事故的发生机会很少，我们根本无法意识到这一点。几年前，粮药部的科学家发现，如果有其他的有机磷酸酯和马拉硫磷一同使用，那么就会出现严重中毒现象，甚至是慢慢地达到预测的50倍之多。对毒性的这种预言是基于两种毒物混合而言的，也就是说，如果两种药物混合，那么每种化合物的致死量的百分之一，就足以要人命。

因为这个新发现，科学家们对其他的化合作用也开始进行实验。目前已知的是，混合以后的药物毒性的确是会增大，很多对磷酸酯杀虫剂是很危险的。当一种化合物破坏了解毒的肝脏酶时，毒性也就增强了。不只是本周内喷洒药物的人会有中毒的危险，下一周打算喷洒其他药物的人也会有危险。一般来说，普通的凉菜碗里面也会有两种磷酸酯混合的情况存在，这种情况出现于法定许可内残毒的交互作用之下。

化学药物的交互作用是很危险的，然而我们对这种危险知之甚少，但实验室里总会发现些让人担心的情况。如下面这种发现：一种磷酸酯的毒性，可以通过第二种药剂来增强，这第二种药剂并不限于杀虫剂。也就是说，倘若我们把一种增塑剂和马拉硫磷混合，毒性也许比用杀虫剂混合更强。原因是相同的：一般情况下，肝脏酶都会清除掉杀虫剂里的毒素，而它抑制住了肝脏酶，毒性自然就增强了。

其他的化学物品，在正常的人类环境中是什么样的呢，医药物的情况如何呢？这很重要。在这方面的研究只是刚刚有个开端，不过起码已经知道了，像是对硫磷和马拉硫磷这种有机磷酸酯，能够使得一些用来松弛肌肉的医药物的毒性增强。而巴比妥酸盐的安眠时间也明显被好几种磷酸酯延长了，其中也包括马拉硫磷。

米荻是希腊神话中的一个人物，因为丈夫爱上了别的女人，就给了新娘子一件长袍，这件有魔力的长袍使得刚刚穿上衣服的新娘子暴毙了。我们在内吸杀虫剂的药物里找到了这个致死的方式的相应药物。它们是有特殊特质的化工药物，植物和动物因为这种特质而转变成了有毒的东西，也就是类似米荻长袍一样的东西。这么做主要是为了在昆虫和动植物接触，尤其是吸取植物汁液或者动物血液的时候，将其消灭掉。

把药物吸入动植物体内所有组织细胞中，让昆虫或其他外界生物接触时中毒，这便是内吸杀虫剂。其世界的复杂性超出格林兄弟的想象力，近乎于查理亚当斯的漫画世界。它的世界是这样的：在这里，童话里原本魅力十足的森林，变成了有毒的世界，每一只昆虫都会因为咬碎一片树叶或吸取了植物汁液而死亡；在这里，狗狗的血液里带有毒性，跳蚤叮咬了以后会死去；在这里，植物散发出来的水汽会让昆虫致死，即便它完全没有接触过这些植物；在这里，蜜蜂采回的花蜜是有毒的，所以酿出的蜂蜜也是有毒的。

昆虫学家们终于证实了内部自生杀虫剂的幻想。因为实用昆虫学的工人发现：土壤里含有硒酸钠的的话，在其中生长的麦子曾经免受红蜘蛛和蚜虫的侵害。这是大自然给他们的暗示。硒这种自然生成元素在很多岩石上都有，也就成为第一种内吸杀虫剂。

一种可以渗透到动植物体内的能力，使得杀虫剂成为内吸毒物。氯化烃一类的一些药物和有机磷类的一些药物都会有这种属性，其中大部分是人工合成的，当然不排除自然生成的。可是，事实上，真正应用的时候，大部分的内吸杀虫剂是从有机磷类的药物里提取的，如此一来，残毒的处理就不会太麻烦。

其他的方式，也可能使得内吸杀虫剂发生作用。如果把这种药撒在种子上，或者用水浸泡或者是用碳混合，然后涂盖一层的话，它们会使得蔬菜、豌豆、菜豆、甜菜等植物的后代体内长出有毒的幼苗，以防止蚜虫和昆虫的毒害。加利福尼亚已经使用这种外表包裹着一层内吸杀虫剂的棉籽一段时期了。1959年，加利福尼亚有25个农场工人因为碰过装有种子的口袋，结果在圣柔昆峡谷植棉的时候，突然发病。

英格兰曾有人好奇，如果蜜蜂采摘了被内吸药剂处理过的花蜜，会出现什么现象？因此，有人曾经做过一个实验，有一个区域的植物，在花朵未开前被施用了八甲磷药物，但是生成的花蜜却已经有了毒性。实验的结果很明显，蜜蜂酿出的蜂蜜里也有八甲磷毒素。

内吸毒剂用在动物身上，主要是为了控制给牲畜带来破坏性的寄生虫——牛蛆。我们要小心使用，因为杀虫是在动物的组织和血液里进行，要保证杀虫的同时，动物的生命不会受到威胁。这之间的平衡是很微妙难控的，政府的兽医已经察觉到：即便我们将药量减少，以少量多次的方式去杀虫，可仍旧会慢慢损害动物体内的保护性胆碱酯酶。所以，如果稍不注意，剂量多了一点点，就会致死。

事实证明，有一个新的事物出现，它与我们的日常生活紧密相连。现在内吸药剂可以使得动物血液有毒，然后杀掉身上的跳蚤，所以，我们可以给狗狗喂上一粒药。既然药丸用到牛畜身上，会有一些药量危险，那么狗狗也一样。现今，没有人提出做人体实验，换句话说，如果人类体内有内吸杀虫剂，那么可以使得叮咬我们的蚊子死亡，不过目前为止，还没有人这么建议过，可能，下一步工作可以往这个方向考虑。

这一章讲到这里，以上全在叙述我们消灭昆虫所用的化学药物，那么杂草的消除又是怎么样的呢？

因为我们力求快速方便地除去那些杂草，因而生产出了许多统称为除莠剂的化学药物，也就是我们俗称的除草药。我会在第六章的时候详细叙述对于这些药物的使用和误用情况，目前要讨论的是，除草剂本身是否有毒？是否会污染我们的生存环境？

目前人群中广泛流传的是：除草剂里的毒性只针对草木植物，动物是不会受到影响的。可这是个谣言。除草剂里含有许多化学药物，对动植物都是有影响的。对于有机体而言，它们的药性是不同的。一些和普通毒药一致；一些由于新陈代谢的刺激，会导致体温升高，甚至致命；一些会导致恶性瘤；还有些会损害生物遗传基因，或是引起变异。如此一来，我们得知：除草剂和杀虫剂一样，由于内部含有危险化学药物而必须小心施用，否则会引发一场大灾难。

无论实验室里的化学药物有多少新品种，含有砷的化合物仍旧作为杀虫剂、除草剂的主导药物，一般情况下，呈现为亚砷酸钠。使用它们以后出现的情况，让我们无法再安心施用。它们的使用已经使得很多农民失去奶牛，无数野生动物死亡。而那些除草剂的使用也使得公共水域的水不能饮用，也无法游泳。那些喷洒到马铃薯田地里，用以毁掉藤蔓的药物，已经扼杀了人类的生命。

以前，人们用硫酸来烧毁土豆藤蔓，大约 1951 年的时候，因为英格兰的硫酸稀少，所以事态有了新发展。从前农业部觉得，喷过含有砷剂的农田是很危险的这件事，应该要广而告之，予以警告，可是牛畜、野兽、鸟类都无法听懂。不断有牛畜因为砷喷雾剂而中毒死亡，而当一位农妇喝过被砷污染了的水时，也失去了生命。1959 年时，一家主要的英国化学公司收回已出售给商贩的含砷喷雾剂，并正式停止生产这种喷雾剂。不久，农业部也正式宣告：限制使用亚砷酸盐，因为它们威胁到人和牲畜的生命。1961 年的澳大利亚也颁布了相似的命令，而美国，却一直未有限令去限制这些毒物的施用。

目前美国定义为最危险物质之一的“二硝基”，正作为除草剂在被使用。二硝基酚有很强的新陈代谢功能，因而常被用以减轻体重，可是减重和中毒之间的剂量界限是很微小的，细微到这类的减肥药在正式被停用以前，还导致几位病人死亡，并且很多人都因此受到了永久性的、无法弥补的伤害。

也就是五氯酚，可做杀虫剂也可做除草剂使用。它和上述的二硝基酚属于同类药物，铁路沿线和比较荒芜的地区，常常喷洒这类药物。从细菌到人类，多种多样的有机体，它的毒性都是很强的。它致命地影响着体内的能源，导致有机体几乎是在自杀。加利福尼亚近期发生了一场车祸，卫生局的报告清楚地解析了它的可怕性。一位油槽汽车司机混合了柴油和五氯苯酚，然后制作出一种棉花落叶剂。他正汲出这种浓缩物时，因为桶栓意外掉落，只好赤手调整桶栓。虽然立刻清洗了手，可还是因此得了急病去世。

亚砷酸钠和酚类的药物作为除草剂时，导致的一些恶劣后果是显而易见的，可是，有些药物的作用却是潜伏的。比如说，如今很出名的红莓除草药氨基三唑，就属于轻毒性药物。可是说到底，它有引发甲状腺恶性瘤的可能性，这无论是对野生动物或人类，都是有影响的。

除草剂里含有的药物中，还有一部分被定性为可以改变基因或遗传物质的作用剂。我们惊讶于辐射会影响遗传性，而周边环境中时刻都广泛传播的化学药物也有此作用，我们应该重视起来。

地表之水与地下之海

水，是所有自然资源里最为珍贵的东西，地球表面，大海覆盖了极大的面积，然而面对着汪洋大海，我们仍旧缺水。这似乎是个矛盾的事情，然而地球上许多丰富的资源，因为含有大量海盐，因为无法使用于农业、工业以及人类，世界上很多人口都面临淡水资源不足的问题。人类忘却自己的根源，忽视生存的根本基础资源，所以水和其他资源一起，就被人类漠视掉了。

杀虫剂造成的水污染问题，作为人类整体污染的一部分，我们可以理解。因为进入水系的污染来源有很多，比如反应堆、原子核爆炸的散落物、实验室和医院排出的放射性废物，等等。如今，新的散落物加入了污染行列，就是喷洒在农田里的化学药物。这污染大杂烩里，很多化学药物的危害大过放射性元素，因为化学药物还会有很多内部作用和转化叠加，这些都是人类所不知道的。

这个自然界有很多物质原本并不存在，化学家创造了它们的同时，也带来了水净化的问题，使用水的危险性越来越高。我们知道，20 世纪 40 年代，合成化学药物才被大量地生产。而如今，生产量的不断增加，已经导致国内的河流被污染。如果这些合成化合物和一般的家庭污染物混合，然后汇入同一条河流的话，污水净化工厂常规的检验方法，是无法查出这些化学药物的存在的。一般来说，普通的检验方式无法分解化学药物，因为它们的性质大多都十分稳定，甚至经常无法辨认出它们的存在。真正令人惊讶的是，河流里的不同污染物会相互融合，最终生成新的物质，而卫生工程师们对此束手无策，只能叹气称之为“开玩笑”。马萨诸塞州工艺学院的卢佛·爱拉森教授曾当着议会委员会的人说，想要提前知晓化学物质混合后的作用效果，或者是辨别出混合后的新物质，这都是不可能的事情。他还说，我们目前并不知道那些是什么东西，所以也不知道它们对人类而言有何影响。

本来用以控制昆虫或动植物的化学药物，现在却成了有机污染物的助长剂，一部分还是特意用来除去水中的杂鱼、昆虫等。森林里的化学药物喷洒，可以使得一个州的200或300亩田地不被害虫所侵蚀，而这些有机污染物就这样直接或间接地落在河流里，或者通过枝繁叶茂的树木，慢慢渗入森林底部。它们跟随着流水进入大海。这些有机污染物多数属于几百万磅农药残留的毒液。原本农药是针对陆地的动植物的，现今因为雨水作用，它们开始进入水体循环运动的世界。

如今不只是河流，还有公共用水地，我们都可以发现那些化学药物的存在。比方说，实验室曾经取用潘斯拉玛亚果园的饮用水来做实验，因为水里含有杀虫剂，所以当鱼儿生活在这些水里时，短短四个小时就死去了。溪水灌溉完棉田以后，倘若流经净化工厂，就会使得鱼儿有生命危险。亚拉巴马州田纳西河的15条支流，因为接触过氯化烃毒物，最终毒死了河里所有的鱼。而这其中有两条支流，是城市用水的水源。我们把金鱼装在铁笼里，然后放在河流的下游，在喷洒过杀虫剂7天以后，金鱼每天都有部分死亡情况，这很明显地证实了，水是含有毒性的。

一般来说，除非大量的鱼儿一起死亡，否则人们很难发现这种污染，可是大部分情况下，人们的确没有发现这种污染的存在。到目前为止，那些保护水纯净性的化学家，还没有定期地检查过有机污染物，所以也无法处理。杀虫剂是存在的，这是个客观事实，就算我们没有发现，它也依然还在。因而自然会和地面的各种物质一起，流入国内主要的河系河流。

1960年，美国渔业和野生物服务处印发了一篇小报告，对于杀虫剂导致水体的普遍污染一事，有任何的怀疑就应该去看看这篇报告。这个服务处想知道，鱼是不是可以像热血动物一样，在组织里存留杀虫剂，因而它们进行了深入的研究。从西部森林拿到了第一批的实验样品，这里由于云杉树蚜虫面积的扩大而喷洒过DDT。所有的鱼都和我们预想的一样含有DDT。此后，调查者针对最近的喷药区外30里的小溪流进行了研究，发现了一件有趣的事。这条河湾在样品采取的上游位置，中间有高瀑布隔断，且此处并未喷洒过药物，可是这里的鱼却都被检测出含有DDT。那么，化学药物是如何到达这远处的河湾的呢？经由地下流水还是空中漂流的降落？此外，还有一个对比调查显示：一个产卵区的鱼，体内组织仍旧有DDT存留，而水的来源是深井，那里并未喷洒过药物，所以污染物唯一的途径来源就是地下水了。

水污染是个很大的问题，其中最令人不安的，就是地下水被大面积污染，这对人的威胁很大。要想在水中添加杀虫剂的同时，不破坏水的纯净性，这是不可能的事情。造物主没有分隔过地下水，也很难封闭和隔绝地下水域。从天而降的雨水，经过土壤和岩石里的缝隙不断渗透进地下，越来越深入，最后达到岩石所有细孔里都充满了水的地带，这种地带是从山脚到山谷底部的地下海洋。地下水的运动时快时慢，有时一年不足 50 英尺，有时又每天都流经十分之一英里，不变的是它一直在运动着。有一条看不见的水线带领它漫游，直到被引入一口井，或是成为泉水裸露地面。不过更多的是汇入了小溪或河流。地球表面上流动着的水，除了直接进入河流的雨水，以及地表流水外，几乎全都成为地下水。因而我们可以从一个令人惊讶却真实的观点看，即污染了地下水，就等于污染了整个世界的水体。

很多同类情况出现前的第一个案例就是：科罗拉多州一个制造业工厂排放出的有毒化学物质，经由地下水流入了远处的农田，毒害了井水，从而导致人畜生病，庄稼被毁。简单说来就是：丹佛附近有一个化学兵团的落基山军需工厂，从 1943 年开始生产军用物资，不过 8 年后租借给私人石油公司，用作生产杀虫剂的工厂。工序都还没来得及更改，报告已经不断地传来。工厂外几里地农民说，牲畜染上了疾病且不能诊断出病因；庄稼被大面积地毁坏；树叶枯萎凋谢，植物不生长，一些庄稼甚至死亡。此外，人类也染上了疾病。

农场的灌溉水源是浅浅的井水。1959 年很多州和联邦管理处的一次研究化验中，发现井水里有很多化学药物。落基山军工厂在使用期间，排泄出氯化物、氯酸盐、磷酸盐、氟化物，以及砷物质，它们全部流入了池塘。显而易见的是，农场和工厂之间的地下水遭受到了污染，并且地下水用了 7～8 年的时候，把有毒物质带到了地下，流淌了大约 2 里路，就流入了最近的农场里。这样的渗透方式不断在扩展，甚至我们尚未查清的区域也正在被污染。研究调查者对于清除污染或截停发展都无能为力。

在这些糟糕透顶的事情中，唯一值得人们欣慰且惊喜的是：军工厂的池塘和井水里查出的2.4-D，能够去除杂草。

化学家花费了很长时间去研究得知：2.4-D是在宽阔池塘里自主形成的。因为军工厂排出的物质，经过空气、水、阳光的作用，自然形成了24-D，其间毫无人工成分。一种会令植物有致命危害的新化学药物，正逐渐在池塘里形成。

科罗拉多州农场和庄稼的事故，具有典型性，也有普遍意义。其实除了科罗拉多州之外，会不会有其他公共用水地方，因为化学污染的问题，产生了相似的问题呢？任何一个地方的湖和河流，以及空气、阳光，都可以作为那些危险组织的催化剂，那么还有哪些有害物质带着“无害”的面具产生呢？

事实上，水遭受了化学污染后最让人惊讶的是：河流、水库甚至是饭桌上的一杯饮用水，都可能含有合成化学药物，而这些是不在化学家应该考虑的义务范围内的。化学药物之间可以通过相互作用而自由进行混合，这一点让美国公共卫生服务处的人紧张害怕，因为这种使得比较安全的化学药物变为毒物的情况广泛地存在着。在两个或以上化学物质之间，以及化学物质和不断增多的放射性废物之间，都可能存在这种情况。游离射线的碰撞下，想要有一个能够预测到且控制住的方法，去改变化学药物的性质，力图让原子重新排列，这其实是个很容易的事情。

很明显，对水的污染不只限于地下水、地表流水以及小溪、河流、农田等，都是一样的。在加利福尼亚州的提尔湖和南克拉玛斯湖设立的国家野生物保护区，成为让人惶恐不安的例子。保护区跨越了奥来根边界北克拉玛斯湖——生物保护区体系的其中一部分。也许是出于用水分享的原因，保护区内的一切物质都是相互联系的，并且要承受这样一个事实：曾经作为水鸟乐园的沼泽地和水面，因为小河和排水渠的干涸，改成了农田，而这些农田像围住鸟儿一样，包围着整个保护区。

北克拉玛斯湖目前是那些包围着生物保护区的农田的水源。而这些灌溉过的水汇集以后又流经提尔湖，进入南克拉玛斯湖。所以这两个水域内的野生物保护区里，所有的水源都是农业土地排泄水。这点对我们理解目前的状况是很有用的。

1960 年的夏季，保护区工作人员在提尔湖和南克拉玛斯湖，捡到死去的或即将死去的鸟儿，有上百只。研究表明它们体内有类似 DDD 和 DDE 的杀虫剂残毒。而湖里的鱼以及浮游生物情况也相同。保护区的管理人员分析，水流在喷洒过药物的农田里来回灌溉，将里面的有毒物质带入了保护区，从而增加了保护区内的残毒。

原本，人们试图恢复水质的努力会取得成效和一定的进展，原本每个猎人，每个喜爱水禽飞过夜空的景色和声音的人，都应该享受到这种努力的成果的，可是水质严重毒化的事件，将所有的努力都化为乌有。这些特殊的生物保护区的位置，就像是漏斗那个细脖子上的焦点，在保护西方水禽方面有些重要的地位，包括我们所熟知的太平洋飞行路线在内，所有的迁徙路线都在这里汇聚。每次到了迁徙期，生活保护区内就会有上百万只的鹅和鸭从哈德孙湾东部白令海岸飞入。秋季，3/4 的水鸟飞往东方，进入太平洋沿岸地区。夏季生物保护区，尤其为红头鸭和红鸭这两种濒危的鸟类，提供了栖息地。倘若保护区的湖水和池塘被污染，那么远的水禽也会开始毁灭。

整个生命链条中，水也应该被加入进去，毕竟它支撑着它们。从浮游生物那尘土般微小的绿色细胞开始，经由水蚤进入鱼的体内，然而鱼被那些鸟、浣熊吃掉。这样一个过程就是从生命到生命的无穷物质循环。水中生命所需的矿物质，也是因为这种食物链而一环扣一环的，那么引至水里的毒物又怎会不参与循环？

加利福尼亚清水湖的历史十分惊人，也是问题的答案所在。清水湖一直以来都是以钓鱼胜地闻名世界。其实湖水是很浑浊的，因为黑泥覆盖了湖的浅底，所以这个称呼其实并不准确。湖水，成为一种微小的蚋虫的繁殖地，这让渔夫和居民都很苦恼。虽然它不是成虫，也不会吸血，甚至几乎不吃东西，可是数量太多，人们也很烦恼。20 世纪 40 年代末，运用氯化烃杀虫剂才得以控制住它，在此之前的控制方法都失败了。新选择的 DDD 和 DDT 关系密切，对鱼的威胁要小一些。

1949 年的新方法是经过严密计划的，很少有人预测得到后果。考察过湖水，也测试过容积，用 1:7000 万的比例稀释水。一开始是有效的，可 1954 年的时候，就开始重复这个行为，这次的浓度比例为 1:5000 万，那时候控制蚋虫被认为是成功的。

之后的冬天，发生了一些变化：湖上的西方鸊鷉开始死亡，报告显示有 100 多只。湖里的鱼类很多，它也被吸引而来。在美国和加拿大西部的浅湖里，有种四处漂流的鸟类，它们外表美丽，习性优雅，被称为“天鸦鸊鷉”。当它们在水中荡起涟漪，身体埋在水面，只看见白色脖颈和黑色头。新出生的幼鸟会跳进水里，用浅褐色的软毛蹭爸爸妈妈，舒适地在父母背上躺着。

1957年，蚋虫的数量又恢复了，人们不得不进行第三次控制，结果更多的鸟儿死亡。和1954年一样，分析鸟儿的尸体发现，里面有百万分之一千六百的DDD含量，而没有任何传染病。

DDD在水中的作用浓度比最多也就百万分之零点零二，可是鸟儿身上的浓度怎么那么高？这些鸟的主食是鱼，清水湖的鱼经过检验，体内药物残留量最高。大概的流程如下：毒物被最小的浮游生物吞噬，然后传递给较大的生物，如鱼类。浮游生物里DDD的含量大概是百万分之五，而鱼体内的含量有百万分之四十到三百。其中一种褐色的鳅鱼DDD含量高达百万分之二千五百。大的肉食动物吃小肉食动物，小肉食动物吃草食动物，草食动物吃浮游生物，浮游生物吃水中的毒物，就像传说中的“杰克小屋”。

我们甚至在以后发现了一件奇怪的事情：使用过化学药物后的很短时间内，水里竟然查不到DDD的含量。可见毒物只是转移到水中的生物体里了，并非真的消失了。在停止使用化学药物后的23个月，浮游生物体内的DDD含量已经有百万分之五点三。两年来，浮游植物不断开花和凋谢，一代一代地传递着毒物，所以水中检测不到毒物的存在。同样地，毒物也存在于湖里的动物体内。停止使用化学药物后的12个月，鱼、鸟、青蛙体内都查出DDD。肉类里的DDD经过检验，发现其总数已经是原来水体内的很多倍。有毒的生命者，在停止使用化学药物后9个月，出生的鱼、海鸥等体内的DDD含量超过了百万分之两千。营巢的鸊鷉鸟群一开始是1000多对，从喷洒药物后到1960年，已经减少了30对。最后一次喷洒药物后，再没有小鸟在湖面出现。

如此看来，毒物的传播是从微生物开始的，它们始终是原始的浓缩者。那么，食物链的终点是哪里呢？很多不明就里的人，可能已经买好渔具准备去清水湖钓鱼，然后回家煎煮。DDD一次性使用多量或者多次使用少量后，会有什么后果呢？

尽管加利福尼亚公共健康局说这些药物的检查结果是安全的，可是1959年，当局还是禁止在湖中使用化学药物。通过化学药物的生物学科学证明，这个行动只是安全措施中的最低限度。DDD可能会毁坏肾上腺，伤害肾脏附近外部皮层上可以分泌荷尔蒙激素的细胞，所以其生理影响在整个杀虫剂中是最独特的。1948年，人们首先知道这种破坏性的作用，是在用狗做实验的时候。此前用老鼠、兔子等实验中，都无法显示出这种毁灭性。当用狗实验DDD的时候，其显示出的症状和人的爱德逊病症状类似，所以是有参考价值的。近期，医学上的研究已经证明了，DDD药物对于人的肾上腺有强烈的抑制作用，可以毁坏细胞。目前正在实验的，是将其运用在少见的肾上腺激增的癌症上。

清水湖的问题，也让公众面临着这样的现实：我们使用化学药物控制昆虫，却对生理过程有影响，甚至让化学物质直接融入水体，这样的措施真的有用吗？湖体的自然生物链的这种爆发，已经说明只是把浓度降低其实没什么改变。一个更大的难题随之而来，并且越来越多。而清水湖是其中的典型例子。虽然虫的问题控制了，人们是开心的，可是湖里捕鱼用水的那些人，却变得异常危险。

我们惊异地发现，毫无顾忌地就把毒物引入水库这件事，已经慢慢成为一个稀松平常的行为。可是这一切的目的却只是为了让水成为人类的娱乐项目，甚至不惜花钱处理，让水变得适合人类饮用。曾经有个地区的运动员，想要在水库发展自己的渔业，所以在说通了政府以后，他们光明正大地把毒物倒入水库，毒杀他们不中意的鱼类，等待着他们中意的鱼孵出，取代原有的鱼类。整个过程就好似爱丽丝在仙境里一样，有些奇怪的特性。原本这个水库是公共用水源，然而附近的村民还来不及去阻止运动员的计划，就要先行饮用有着残留毒物的水，还不得不花钱去对它进行消毒处理，这样的处理着实是个难事。

地下水和地表水都被杀虫剂和化学药物污染，那么很有可能，致癌物和有毒物一样，也存在于公共用水里。国家癌症研究所的W.C. 惠帕教授曾经警示道："未来，人们可以看得见，因为饮用了被污染的水而导致癌症的情况会越来越多，越来越引人注目。"事实上，50年代初期，荷兰进行过一个研究，这为水污染引起癌症危险提供了有利的证据。相较于河水而言，井水不易被污染，因而以井水作为水源的城市，其癌症死亡率要比以河水为水源的城市低。砷，是被明确定义为人体内致癌的环境物质，曾经两次因为饮水而导致癌症的事件，都有砷的参与。开采矿山的矿渣堆和天然含有高含量砷的岩石，是砷的两个主要来源。上述这些情况都会因为砷杀虫剂的大量使用而重复发生。雨水中的一部分里含有砷物质，它们流入小溪、河流、水库，以及地下水的海洋。

在此，我们又再一次意识到一点：自然界的事物都是相互联系的，不存在一种孤立的物质。接下来，要想清晰地了解世界污染的发生，就必须研究土壤，因为它是地球另一个基本资源。

土壤世界

土壤薄层，像是一个个的补丁，覆盖在整个大陆表面，它控制着人类和这个大地上的一切动物的生存。我们都知道，陆地植物缺了土壤无法生长，而动物缺了植物也无法存活。

要是可以说以农业为基础的人类生活需要依靠土壤，那么同样地，土壤本身的起源和特性也是依靠生命的，如活的动植物。所以一定程度上，我们可以说，土壤创造了生命——很久以前，生物和非生物间的奇特作用，产生了它。火山爆发，喷射出炽热的岩浆；水流不断在光秃秃的陆地上穿梭，和坚硬的花岗岩发生摩擦；冰霜和严寒使得岩石开始破碎，渐渐地，原始的成土物质聚集起来。接着生物就开始创造奇迹，慢慢地，这些没有生气的物质成为如今的土壤。地衣，是岩石的第一个覆盖物质，它利用自身的酸性分泌物，让岩石有了风化作用，也创造出了其他生命物质休憩的地方。藓类在原始土壤——借由地衣的碎屑、微小昆虫外壳和一些动物碎片等形成的——这片微小的空隙里艰难地生长着。

生命造就了土壤，同时，土壤里又有那么多的生命物质，以至于它不会贫瘠或死亡。土壤里有无数的有机体生存或活动，因而它才有能力让大地变得生机勃勃，充满绿色。

土壤总是会不断地变化，改变自己的状态，是因为它自身处在一种无休止的循环里。岩石风化、有机物腐烂、氮或其他气体跟着雨水降落，新的物质也会进入土壤里。自然地，也会有物质会因为生物的需求而从土壤中被取走。这些微妙却重要的化学变化就这样重复着，这个循环的过程中，空气中和水源中的一些元素物质会转换成有益于植物的东西。活的有机体是这一切变化的主要且积极的参与者。

探寻原本黑暗的土壤王国中的生物数量，这是最令人困惑且最易被人忽视的研究了，几乎没有什么可以研究能比得上。对于土壤里有机体之间，以及有机体和地上地下环境之间相互平衡制约的情况，我们知道的也只有一点点而已。

细菌和丝状真菌在土壤中，属于人体肉眼无法察觉的有机体，它们最微小却很重要。它们的数量值简直是个天文数字，一茶匙的表层土里，就有上亿万个细菌。虽说细菌形体细微，可是就一英亩的肥沃土壤而言，一英尺厚度的表层土里，就已经有1000磅的细菌了。而那些长线似的放线菌，因为形体较大，所以数量微少，但在土壤中，总重量是一致的。

细菌、真菌和藻类可以把动植物中的残体还原成无机质，这也是动植物腐烂的主要原因。碳、氮等化学元素通过土壤、空气和生物组织进行的循环运动，属于巨人运动，倘若没这些微小生物的存在，是无法运转的。比如说，植物中如果缺少了固氮细菌，那么就算它的四周空气里全是氮气，也很难会吸收到氮素。再说岩石的分解，也是因为其他的有机体生产出的二氧化碳生成的碳酸的作用。土壤里很多其他微小生物，对于氧化和还原反应都有着促进作用，而这些反应又让铁、锰等矿物质转移成可被植物吸收的状态。

螨类是十分微小的生物，但却有着惊人的数量。此外，一种没有翅膀，被称作跃尾虫的原始昆虫也大量地存在着。虽然它们微小到不可见，但是在枯叶和森林地面碎屑转化为土壤这个过程里，它们有着很重要的作用。这其中，有部分微小生物在完成了促进作用后，还有些令人惊讶的特征。比如说螨虫，可以在掉下的枞树针叶里继续隐秘地生存下去，并渐渐地去消化掉针叶里的内部组织。而当螨虫完成了自己的演化阶段之后，会发现针叶只剩下空壳。在土壤里和森林的地面上，那些小昆虫对于大量落叶方面的处理才真的有令人惊讶的效果。它们使得树叶浸软，还消化了它，并促进分解物质和土壤之间的融合。

土壤里的生命物质从细菌到哺乳动物全部都有，所以除了一群微小却不停发挥着作用且很重要的生物以外，自然是还有很多较大型的生物。一些永久性地生存在黑暗地层之中；一些在生命需要冬眠或过渡的时期，在地下洞穴躲藏着；一些在自己的洞穴和地面世界之间来来去去。总之，就是这些所有的生命物质，让土壤有了空气，让水分渗透在植物里。

蚯蚓作为土壤里较大个的居住者，算是最重要的生物了。《蠕虫活动对作物肥土的形成以及蠕虫习性观察》是查理斯·达尔文在 75 年前出版的一本书，关于蚯蚓作为地质营力在运输土壤方面的基本作用，人们第一次了解这些就是通过达尔文的这本书。通过这本书的描述，我们的眼前可以浮现这样的画面：蚯蚓从地下搬出的肥沃土壤，覆盖了地表上的岩石，最好的地区土壤搬运量每英亩可以以吨计算。同时，含在叶子和草木中的有机物被拉入土穴内，和土壤混合。蚯蚓的搬运工工作可以一寸一寸地使土壤变厚，十年就可让其加厚为原来的一半，这是达尔文的计算告诉我们的。可是它们要做的是让空气充斥土壤，让水分得到疏通，让植物的根系有所发展。蚯蚓这种生物的存在，是为了让土壤细菌的消化作用加强，不轻易腐败掉。蚯蚓的消化管道分解了有机体，而那些排泄物又让土壤变得更加肥沃。

可是，各种生命的存在交织成一张网，组合成了土壤综合体。在这里面，每个事物和其他的事物都会有所联系，如生物依赖着土壤生存，而土壤之所以可以让地球充满生机和绿色，也是因为这些生命的综合体。

我们一直忽略了这里的一个问题，即有毒的化学药剂，不管是作为杀虫剂直接渗入土壤，还是通过雨水的淋洗被污染，当它们进入土壤后，那些居住在里面的大量的、有益的生物会受到什么样的影响？比方说，如果我们生产和应用了一种杀虫剂，可以有效地灭掉害虫幼体，那我们有能力做到让这些杀虫剂在灭害虫的同时不伤害有益的物质吗？再比如说，当我们有一种可以专门杀掉树里的菌类剂时，可以同时保证，不伤害到那些对树木吸收土壤养分有促进作用的物质吗？

很明显，科学家们已经忽略了土壤生态学这样一个重要的科研项目，而且管理人员也对此不闻不问。我们用化学物质来控制昆虫这种做法，似乎一直都建立在这样一个假定基础之上：即我们假定了，土壤会默默忍受外界带来的各种大量有毒物质，并不予以任何反抗。土壤世界本身的性质已经没有人在乎了。

经过了部分的研究，杀虫剂对于土壤的影响作用正慢慢浮现。土壤类型变幻莫测，破坏土壤的因素在不同类型的土壤里也许是不同的，所以研究结果也并非完全一致。就好比轻质沙土被损害的程度就比腐殖土更加严重。化学药物的混合作用的确是大过单独的某种物质。暂且抛开结果的异同不说，单单就化学药物的危害性证据一步步出现、增多和累积，就已经让科学家们十分不安了。

一些化学转化过程和生命世界是有密切联系的，而在一些状况下，这种过程已经受到了干扰。我们就以大气氮转化成可被植物吸收的物质为例子。这种转化作用被称之为硝化作用，可是除莠剂 2.4-D 就可以使得这种作用停顿。佛罗里达最近有过几次实验，其中高丙体六六六、七氯和 BHC（六氯联苯）物质加入土壤仅仅两星期，就已经让硝化作用呈现减弱的趋势，六六六和 DDT 被喷洒后一年，也还是会保持严重有害作用的状态。六六六、艾氏剂、高丙林六六六、七氯和 DDD 在其他实验中，也影响了固氮细菌转化成豆科植物需要的根部结瘤，破坏了菌类和更加高级植物根系之间那种奇妙且有益的关系。

自然界中生物数量的特殊平衡，是其深远目的的一种基础，然而问题就在于，这种特殊的平衡有时会被打破。当人们使用杀虫剂后，土壤里一种生物数量急剧降低的同时，另一种生物数量就会急速生长，以至于摄食关系开始紊乱。这种变化极其容易导致土壤新陈代谢，影响它的生产力。同时也意味着被压制住的潜在有害物质，逃脱自然的监控，直接成为有害物质。

土壤里的杀虫剂残留，是用年为单位的，而非月为单位计算，这是我们研究土壤中杀虫剂时需要注意的重要问题。4 年的时间，也不足以让艾氏剂完全消失，甚至更多部分转为狄氏剂。毒杀芬在杀死白蚁后十年，仍旧有大量毒素残留沙土之中。六六六这种物质在土壤里少说要存留 11 年，而七氯或者是毒性衍生化学物，起码也要存留 9 年。氯丹甚至是在使用之后的 12 年，还可以检测到百分之十五的残留量。

如此看来，就算是控制杀虫剂的使用次数，还是会让土壤里的残留数量增多到人类难以想象的地步。氯化烃有持久不变的特性，所以每次使用后，其残留数量其实都是在不停地累加。倘若喷药行为不是一次性的，只要有循环和重复，那么一英亩地使用一磅 DDT 就不可能再是无害的。马铃薯地的土壤里 DDT 含量是每英亩 15 磅，谷物地里是 19 磅，蔓越橘沼泽地是 34.5 磅，源自苹果园的土壤，大概在这儿达到了峰值；这里的 DDT 累积速率和历年的使用量同步增长着，甚至于可能会在一个季节里，因为果园喷洒 DDT 多次，其残留毒性高达每英亩 30 ～ 50 磅。如果很多年都是这样的持续状况，那么两棵树之间的区域，DDT 的含量会达到 26 ～ 60 磅，树木下方的土壤中则会有 113 磅。

关于土壤可以持续性中毒的案例，还是砷所提供的。虽说早在 40 年代中期，人造的有机合成杀虫剂已经取代了砷作为烟草喷雾剂的地位和作用，可是美国出产的烟草里，香烟中砷的含量在 1932 ～ 1952 年这 20 年之间增长幅度超过百分之三百，而近期的研究结果是达到了百分之六百。H.S. 赛特利博士，是砷毒物学方面的权威人士，他说："虽说大量的有机杀虫剂已经取代了砷，不过烟草植物还是在持续地吸收砷，其原因就在于，砷酸铅的残留物质已经渗透了栽种烟草的土壤，而这种物质不仅数量大，且不易被溶解。它还可以持续性地释放出可溶性砷。"据博士而言，那么在很大的比例上，栽种烟草的土壤已经永久性中毒，且还是毒性不断累加性的。麦德特拉那州东部的土壤，并没有使用过砷杀虫剂，所以那里的砷含量并没有增多的情况。

如此一来，我们的问题又增加了一个，即我们不只要研究土壤里的事物情况，还要研究到底植物组织里，吸收了多少被杀虫剂污染的土壤。在很大程度上，这个问题是由土壤、农作物的类型以及自然条件和杀虫剂本身的浓度含量决定的。有机物含量多的土壤，其毒物量的释放会相对较少。未来我们种植一些粮作物之前，一定要事先检验土壤中的杀虫剂，做一个彻底的研究分析，不然即便谷物不曾喷洒化学药物，也会从土壤里吸收到过多的杀虫剂，从而无法进行市场供应。

污染方面的问题是无休止的，儿童食品厂的厂长也抵抗去买喷过有毒杀虫剂的水果和蔬菜。植物的根和块茎吸收了六六六后，会产生一种霉臭气味，这是最让人烦恼的。加利福尼亚州的甜薯种植土地，两年前使用了六六六后，如今便因为甜薯有残毒必须扔掉。

凯奥利那州南部的全部甜薯，曾经被一个公司签约购买，可是当发现土地被大面积地污染时，被迫重新在市场上购买，造成了很大的经济损失。几年以后，很多州的水果和蔬菜都被抛弃。而其中和花生有关的问题是最烦心的。南部一些州里，经常会将花生和棉花轮作，可是棉花大量使用六六六，导致此后在土壤中生存的花生吸收了大量杀虫剂。事实上，只需要一点点六六六，霉臭味就可以散发出来。化学物质一旦渗入果核里，是无法被驱除的。因而人们在处理的时候，不仅不能去掉霉臭味，反而会越来越强烈。一个排除六六六残毒的经营者，最好的也是唯一的避免办法，就是抛弃所有曾经在使用过化学药物的土壤里生长出来的农产品。

土壤里只要有杀虫剂的存在，威胁也就一直会在，有时候，威胁是针对农作物本身而言的。例如，有些杀虫剂会影响豆子、麦子等敏感类的植物，破坏它们的根系发育，抑制种子发芽生长。华盛顿和爱德华，有很多酒花栽培者就曾有过这样的遭遇。1955 年春，很多酒花栽培者都遇见一个大问题：控制草莓根部出现的象鼻虫，因为它们的幼虫已经在草莓根部越来越多。农业专家和杀虫剂厂商推荐他们使用七氯，然而就在使用后一年，园地里的葡萄树全部枯萎死去。而没有喷洒过七氯的田地就安然无恙，作物是否会受到损害的界限就在于是否使用过七氯。他们花了很多钱，在山坡上重新种植作物，可是第二年新生的根直接死掉了，并且在 4 年以后，土壤里还是能够检测到七氯的存在。面对这样的情况，科学家无力去解决，也不能预测毒性会持续多久。直到 1959 年的 3 月，联邦农业局才意识到，在土壤问题上，同意使用七氯是个错误，可如今收回态度已经太晚。同时，酒花栽培者只能尽力去试试，能否在官司里获取到什么赔偿。

杀虫剂还在继续被使用，持久的毒性也继续在土壤里累积，而毋庸置疑的是，我们正一步步走向烦恼——1960 年恩尔卡思大学集会时，一群专家在谈到土壤生态学时，都这样认为。化学药物和放射性药物很有效果，可人们对它们却知之甚少，专家总结出了使用这些药物的危害：“人类一些不正当的处置做法，或许会毁掉土壤的生产力，可节肢动物却毫无影响。”

地球的绿斗篷

地球上，动物生存的世界，是由水、植物和土壤共同构成的大地绿色斗篷作为支撑的。如果没有利用太阳能来创造出那些供给人类生存使用的基本食物，那么人类无法存活，这一点在现代总是会被人遗忘。如果我会种植有用的植物，也会因为不合心意或没有用途就摧毁它们，我们对待植物的这种方式是狭隘的。除开部分因为对人体和牲畜有害的植物外，很多植物生命的终结是源于人类的狭隘认知和行为。大部分植物都成了人类驱除某种植物的陪葬品。

生命之网中，有一部分就是地植物，在此之中，植物和大地之间、植物与植物之间、植物和动物之间，都有着密切的联系。虽然有时候我们不得不破坏这种关系，可是也要小心谨慎，对我们的所作所为有个清晰、长远的后果预判。可是在当前灭草剂被大量销售、广泛使用、越来越多的化学物质应运而生、用来杀死植物的灭草剂的兴盛时期，谁还会保有小心谨慎的态度呢？

有太多我们无法预料却破坏了风景的事件出现，目前只举其中一个例子。西部鼠尾草地带，目前正在进行改造工程，除掉鼠尾草改为牧场。倘若从历史角度和风景角度去理解这件事，那么它理当如此。毕竟这里的风景如诗如画，各种力量共同合作创造出来这里的美景，展现给我们的就像是一本书。只是如今书打开了，却无人问津。

这片生长鼠尾草的土地在几百万年以前，是一片由落基山系巨大隆起所产生的土地，是西部高原和高原上山脉的低坡地带。这里气候十分恶劣。冬季大风雪从山上扑来，积雪铺上平原；夏季雨水稀少，炎热不堪，干旱威胁着大地，带走叶子和茎干中的水分的风，也是干燥的。

想要在这个演化景观中，这个大风呼啸的高原上，移植栽种植物，是需要时间去实验的。很多种植物都失败了。最后，只有鼠尾草这种兼备生存特性的植物存活了下来。它是一种矮小的灌木，能借由灰色的小叶子去抵抗风，从而保持自己的水分，因而可以在山坡和平原上生长。西部大平原成为鼠尾草的生长地，这一点是自然选择的结果，绝非偶然。

动植物的生命同时发展，土地也恰好有急切的需要，所以这时，两种和鼠尾草一样的动物，十分完美地来到了自己的休憩地。一种是尖角羚羊，优美而动作敏捷的哺乳动物，一种是鼠尾草松鸡，属于鸟类，它是路易士和克拉克地区的平原鸡。

鼠尾草和松鸡是相互依存的。鸟类的生存期和鼠尾草的生长期一致，鼠尾草衰落时，它的数量就减少。平原上的鸟，都依靠着鼠尾草生存。山脚低矮的鼠尾草可以遮住幼鸟，筑巢；茂盛的草丛让鸟儿可以游荡歇息；无论何时，松鸡都可以进食鼠尾草。这个关系是相互的。松鸡让鼠尾草周边和下边的土壤松散，除掉了其他杂草。

羚羊是这个平原上的主要动物，它们也逐渐适应了鼠尾草。冬季大雪来临时，在山间度夏的羚羊就会转移到低矮的地方。

羚羊在这里依靠鼠尾草为食物而过冬。所有植物的叶子中，只有鼠尾草是常青的，那种苦味的灰绿色叶子，缠绕着浓密的灌木茎梗，散发清香，天然就含有丰富的蛋白质和脂肪以及无机物，这些都是动物所需要的物质。就算是大雪覆盖之际，鼠尾草的顶端也是裸露的，羚羊可以用尖利的蹄子撬动它。此时那些松鸡在光秃秃的地面上，发现羚羊开采过的地方露出的草，就过来觅食。

可以说，鼠尾草是冬季那些食草牲畜的依靠，黑尾鹿就时常靠它而活。鼠尾草有比紫苜蓿更高的能量价值，所以每年有一半时间，冬季牧场上放牧的绵羊，都以它为主饲料。

所以在严寒的高原地区，生态的平衡现状就是：紫色的鼠尾草残体和敏捷的羚羊以及松鸡。在人类人为改变的自然区域内，这恐怕早已不再是平衡的。顶着发展的头衔，土地管理局满足了放牧人贪婪的草地要求。所以他们正策划着去消除鼠尾草，在那些鼠尾草和其他草类混合的区域，力求建造单一的草地。鲜有人会过问：这片草地在这个区域是否是稳固的，其结局是否是人们期望的。可是大自然给出了否定答案。雨水稀缺地区，水量根本不足以支撑草的生长，无法形成好的地皮草地，可是对于常年被鼠尾草掩护的羽茅属植物而言，是有利的。

可是除掉鼠尾草的计划多年来都不曾停止，政府机关和工业部门都满怀激情，积极地参与和鼓励这件事。因为他们眼中的这个事业，不只是为了草，更是开阔大型整套的收割、耕作和播种机器的市场。而最新加入的是化学喷雾剂，每年都会有几百万英亩的鼠尾草土地被喷洒上药物。

然而这一切的结果如何？暂且不说用牧草代替鼠尾草的效

果会是怎样，单就了解土地特性的人而言，牧草在鼠尾草的庇护下，的确会比单独种植要生存得好。

整个计划都只顾眼前的利益，可后果却是羚羊、松鸡和鼠尾草一同消失了，生命结构遭到了破坏。鹿儿也受到伤害，土地上野生生物的毁灭也使得土地开始贫瘠。甚至于人工饲养的牲畜，如绵羊，也会受难，因为青草不够食用。失去了鼠尾草和许多耐寒植物，绵羊只能在风雪里饿死。

上述的变化只是明显的、首要发生的影响。接下来的影响和喷药的枪杆有关，药物的喷洒连累了很多无辜的生物。《我的旷野：东部的肯塔基》一书，是司法官威廉·道格拉斯的著作，他在里面讲述了一个由美国森林服务公司所造成的一个生态破坏的例子。怀俄明州的布类吉国家森林里，因为牧人想要更多的草，所以在一万多亩的鼠尾草土地上喷洒药物，消除了鼠尾草，可是小河边的垂杨柳，原本绿色且生机勃勃的柳丝却遭难了。生活在柳树从中的麋，和以柳树为食的海狸，伐倒柳树，形成牢固水堤。海狸的努力让这里有了一个小湖，湖里生长着长过 6 寸的鳟鱼，肥大且体型重。水鸟被吸引而来。原本只有海狸的地区，逐渐成为引人入胜的钓鱼和打猎的娱乐地区。

可是森林公司的改造计划让柳树遭遇了鼠尾草一样的待遇，被同样不加区分的喷药剂杀死。1959 年，道格拉斯第一次访问这里的时候，诧异地看着这些枯死的垂柳。这里的麋和海狸创造的天地会成为什么样呢？一年以后，当他再次来到这里，已经明显地看见了破坏风景的后果。麋和海狸都逃走了。湖水开始枯竭，鳟鱼不再肥大，这个被抛弃的小河里，再没有什么生物可以生存下去，只有河流穿过光秃、炎热的土地。生命世界已经彻底被毁坏。

400多万亩的牧场每年都会喷洒药物，除此之外，很多大片区域也直接或间接地用化学药物做了处理。就比如那个5000英亩的土地，在事业公司的经营中，以控股灌木为名，正处理着这里的土地。美国西南部大概有7500万亩的豆科植物土地，采取了化学药物的办法处理。为了清除杂木，在一个不太了解的大片木材生产区域进行空中撒药。1949～1959年，灭草剂的使用增加了一倍之多，土地面积高达5300万英亩。现在，已经被处理过的私人草地、花园等面积将是个庞大的数字。

化学除草剂作为新型物种，在使用者面前展现自己征服自然的能力，可是长远的不明显效果就被漠视。每一个商会都推荐的商品，究竟在游客心中的信誉是怎么样的？因为路边的美丽原野被化学物质破坏，所以抗议的声音逐渐增多，喷雾剂让原本由野花、浆果点缀的天然灌木丛等物质构成的亮丽风景，变成了枯萎的旷野。新英格兰有位妇女生气地向报社投稿：“我们正让道路两旁充满着枯萎气息，然而这不是游客想要看见的，我们为了这里的美景花了很多钱去做广告。”

1960年的夏天，各州来了许多保护主义者，聚集在平静的缅因岛，为的是看一看国家阿托邦（Audubon）协会的主持人M.T.滨哈姆给该协会的赠品。那天，讨论的中心主题是保护自然景观，微生物到人类这整个复杂的生命网络。可是来到这里的旅行者却都在背地里气愤，因为沿路的风景被破坏了。

以前，森林的道路四季常青，沿着这些道路行走是很愉快的事情，两旁是杨梅、香甜的羊齿植物、赤杨和越橘，如今却只剩下一片荒芜。保护主义者写下来这样的游记：“我来到这里，因为景色的破坏而感到气愤不堪。几年前的公路两旁还是野花和灌木丛，如今全是枯萎的植物留下的残迹。就算是经济上的考量，缅因州可以承受得起旅行者对景色的失望吗？”

缅因州只是全国范围内，以治理灌木丛为名破坏自然景观的一个案例。只是因为它的损害程度太强烈，让人心痛不已。

康涅狄格果树园里的植物学家说，对原生灌木和野花的破坏程度已经达到了“路旁原野危机”的程度。杜鹃花、月桂树、紫越橘、越橘、荚蒾、山茱萸、杨梅、羊齿植物、低灌木、冬浆果、苦樱桃以及野李子，包括雏菊、苏珊、安女王花带、秋麒麟草以及秋紫菀，这些所有曾经赋予大地生机和美丽的景色，全在化学药物的攻击下枯萎。

不仅没有计划农药的喷洒，甚至还不停地滥用它。新英格兰南部小镇里有个商人，把剩余的化学药粉撒在不曾经过许可的路旁丛林，结果小镇丧失了美丽的秋景和蓝色的天空，也没有值得人们远道而来看一眼的紫菀和秋麒麟草了。另一个城镇里，一个商人缺乏知识，违反了喷药规定，对路旁的植物喷洒的药物有 8 尺高，超过固定 4 尺的一倍，因而让这条小路变成深褐色而毫无生机。马萨诸塞州乡镇的官员，从热心的农药推销商手中买下了除草剂，殊不知这里含有砷，结果引起 12 头母牛砷中毒死亡。

1957 年，康涅狄格林园自然保护区的树木，间接因为涅特弗镇用化学灭草剂喷洒路过田野，而受到了伤害。虽然是春季的万物生长之际，可橡树的叶子开始卷曲变色，新芽异常生长，树木十分凄凉。不过两个季节之后，大一些的枝叶就开始死亡，变形，而树木仍旧是令人心痛的惨样。这条道路并非繁忙的交通要道，也不会有任何树木妨碍司机的视线，曾经自然用杨梅等植物装饰着它，季节变迁以后，时而花香四溢，时而硕果累累。可自从喷洒了化学药物，这里就成了惨淡的荒景。没有人留恋它，那些忧心世界的人，需要一个强大的心灵去忍耐它，而眼前这个世界就是我们的技术造就的。不知何故，各地的权威者总是犹豫不决。不过因为某些疏忽，让原本密集的喷药区域留下了一片绿洲，和枯萎的道路相比较，人们更加气愤。绿洲中有百合的开放，三叶草的飘动和紫野豌豆花的彩色，我们为此有些振奋。

只有那些售卖化学药物的人，才会觉得这种美景是“野草”。在一个定期举行的控制野草会议中，我看到过这样的离奇言论：作者坚持有益植物被杀害的理由，就是因为和坏的植物长在了一起。曾经气愤野花被伤害的人，启发了这位作者，他想起历史上反活体解剖论的人，他说，要是依照那些反对活体解剖论的人的观点，孩子们的生命还比不上一条迷路的狗。

我们之中的确有很多人怀疑过，发表出这篇高论的作者是否有歪曲原意之罪。我们都爱这三叶草和野豌豆组成的美丽景色，可如今这里就像遭遇了一场大火，瞬间消失殆尽，留下残骸。我们不喜欢这样的景象，不会为人类这种征服自然的行为感到高兴，却还是容忍了这种惨状，这让我们觉得自己是那么弱小而可悲。

司法官道格拉斯曾经说到自己参加的一个联邦农民会议，参与会议的人就讨论到了上一章节我们说的抗议向鼠尾草喷洒药物的事情。参与会议的人认为，一位妇女因为野花被破坏就反对计划是很可笑的。而这位文雅聪慧的律师问道：“牧人要寻求一片草地，伐木者想要寻求树木，那她想要寻求一株卷丹难道不应该吗？”“旷野带给我们的美学价值，就如同金矿、铜矿和森林一样重要。”

我们在期望保护原野植物的时候，很多事物都超过了美学方面的考虑。天然植物在大自然的各种组合里，有着重要位置。乡间那块状的原野，是鸟类和幼小动物栖息的地方。就东部的很多州里，70 多种灌木生长在路旁，其中的 65 种都是野生生物的重要食物。

野蜂和其他授粉昆虫，也用这些植物作为栖息地。人们应该要意识到这些天然授粉者的价值，可农夫却时常用尽手段去摧毁野蜂。天然授粉昆虫可以帮助很多野生植物生长。农作物的授粉过程里，有上百种野蜂的功劳，只授粉紫苜蓿花的就有 100 多种。很多没有耕作的土地上，绝大部分保持土壤和增肥土壤的植物，如果不是因为有授粉作用，估计已经灭绝了，然后区域的生态就会有很大的影响。森林和牧场里的很多野草、树木等，都要依赖天然昆虫才能进行繁殖。没有这些植物，野生动物和牧场牲畜的食物也是不够的。如今，清洁的耕作方式，以及用化学药物来处理树篱笆和野草的做法，正在危及授粉昆虫的最后栖息地，也正切断着生命之间相互联系的锁链。

据我们了解，这些昆虫对农业和田野是那么重要，我们应该对它们加以保护，而不是随意破坏它们的栖息地。秋麒麟草、芥菜和蒲公英这类植物的花粉，是蜜蜂和野蜂的食料。野豌豆在紫苜蓿开花前，为蜜蜂提供了饲料，帮助它们顺利度过春荒。秋季，它们就依赖秋麒麟草过冬。因为大自然本身有着奇妙能力，所以一种野蜂出现时，柳树恰好开花。是有人可以理解这些情况，但绝不会是那些滥用化学药物侵害整个大地景观的人。

那些真正了解固有栖息地对野生生物的意义的人在哪里呢？很多所谓的专家，都认为除草剂不会伤害野生生物，其毒性甚至比杀虫剂要小！

换句话说：无害即是可用。但是，除草剂降落到森林和田野、牧场和沼泽地时，那里的野生生物栖息地发生了变化，甚至因此被永久性地毁灭掉了。长远看来，摧毁野生生物的栖息地，比直接杀死它们还要糟糕。人们不顾一切毁坏道路两旁的野花，这其中有着双重的讽刺性。我们的经验得知，这样是无法实现目标的，滥用除草剂不仅不能有效持久地控制道路两旁的丛林，还要年复一年地喷洒。更加讽刺的是，明明有更加可靠和安全的喷药方法，可以长期控制植物生长，还不需要反复喷洒，可我们忽视掉这一切，不顾一切地继续着。

我们向道路两旁喷洒药物，不是为了除草，而是为了避免会生长得太高，以至于阻挡司机视野的植物，也就是沃恩常说的乔木。大部分灌木和羊齿草与野花都是低矮的。

弗兰克·爱哥尔博士，在作为美国自然历史博物馆任路标区控制丛林推荐委员会的指导者时期，发明了选择性喷药。基本上，很多灌木区是可以抵抗住乔木的入侵的，所以可以利用这种自然定律去进行选择性喷洒。选择性喷洒的目的，是除掉过高的植物，而不是消灭道路两旁的青草。如有遇见抵抗性强的植物，用可行的追补方式就好了，灌木从此以后也会得到控制。控制植物的方法里，最好最有效也最廉价的是利用其他植物，而不是使用化学药物。

美国东部已经实验了这种方法。研究结果证明：经过适当的处理后，整个区域会相对稳定，且起码 20 年不再需要药物的喷洒。这种喷洒一般是步行的人们背着喷雾器进行，不过数量是有控制的。偶尔会使用卡车的底盘上压缩泵和喷药器械作为代替，但喷洒的范围也不是全覆盖，只是对树木进行处理，清除过高的灌木。如此一来，环境还是存有完整性。有着很高价值的野生生物栖息地被保护了下来，灌木、羊齿植物和野花所呈现的美景也不会被破坏。

虽然很多地方都曾经采用选择性喷药方法，可是总的来说，那种根深蒂固的全覆盖性习惯还是复活了，它不仅浪费纳税人很多钱财，还让生命的生态遭到损害。毫不夸张地说，全覆盖式的喷洒行动之所以复活，就是因为人们不知道上述事实。唯有纳税人发现道路喷洒药物的账单不应每年都有时，才可能会要求改变这种方式。

选择性喷洒的确可以减少渗透进土地里的化学药物的总量，让其集中在树木的根部，以至于把野生生物的危害性降到最低，这只是它的优点之一。

2.4-D、2.4.5-T 以及有关的化合物是使用的最普遍的除草剂。目前还在为这些除草剂是否有毒而争论。那些喷洒草坪的人，不小心被 2.4-D 药水打湿了，有时就会有严重的神经炎或瘫痪状况出现。这种危险的事情自然不常发生，可医药当局已经对这种药物的使用发出警告。而更多危险可能还潜藏在其中。实验证明，这些药物破坏了细胞内呼吸的基本生理过程，并且可以破坏染色体。近期的研究表明，那些毒性水平低的除草剂，会导致鸟类不育。

先暂且抛开直接影响不谈，一些灭虫剂的出现，就已经导致了些间接奇怪的影响。不论是野生还是家养的动物，都出现了些奇怪的现象。喷洒过药物的植物，原本并非这些动物的天然食料，可是它们却被吸引了。如果一直用像砷一样强烈的毒物，那么必定会导致严重的后果。要是一些植物本身有毒或者有荆棘和芒刺，那么只需要毒性很小的药物就能让它们死亡。比如说，牧场上有毒的野草，在喷洒了药物后反而更加吸引牲畜，导致它们死去。兽医药物文献中满是这样的案例：喷过药的瞿麦草被猪吃了；喷过药的药草被羊吃了，引发了疾病。蜜蜂采集了喷过药的芥菜就中毒了。野樱桃本身的叶子就具有较大的毒性，喷洒过 2.4-D 后，反而更加吸引牛。如果是平时，家畜只有在没有饲料的时候才会吃野樱桃的叶子，然而喷洒过后，动物就会心甘情愿地吃掉。

因为化学物质让植物的新陈代谢发生变化，所以才有这种奇怪现象出现。糖的含量增多，所以吸引了动物。

2.4-D 这种药物，还有一种效能，对于牲畜、野生生物和人类都有明显的反应。10 年前有个实验证明：谷类及甜菜，高粱、向日葵、蜘蛛草，羊腿草、猪草以及伤心草，经过 2.4-D 处理后，内部的硝酸盐含量会急剧增加。其中很多草都是牛不愿意吃的，可是药物处理后，牛却吃得津津有味。一些农业专家调查发现，一部分牛的死亡和喷药了的野草有关。危险性就在于硝酸盐的增长，反刍动物有着特殊的生理过程，这种物质的增长会引起很大的问题。大部分动物的消化系统都有四个腔室，略微有些复杂。一个胃室里因为微生物的作用，纤维素开始消化。动物吃了硝酸盐含量过高的植物后，微生物对硝酸盐起作用，变成了强毒性的亚硝酸盐，所以才会有这些致命的案件。亚硝酸盐让血色素变为褐色物质，禁锢住了氧气，无法形成呼吸过程，氧气就无法从肺部转移到集体组织里。氧气不足的缺氧症，导致牲畜在几小时内死亡。此时此刻，那些家畜的伤亡终于有了合理的解释，而这一危险性在鹿、羚羊、绵羊和山羊等反刍类的野生动物中也依旧存在。

虽说像是干燥气候等很多因素都可以使得硝酸盐含量增加，可是滥用 2.4-D 的后果是无法放任不顾的。威斯康星州大学农业实验站很重视这件事情，也证实了 1957 年的警告：“被 2.4-D 杀死的植物中可能含有大量的硝酸盐。”危害动物的可能已经蔓延到人类了，这种危害性可以解释最近发生的“粮库死亡”现象。谷类、燕麦或高粱内部的硝酸盐增多后，在粮库里放出有毒的一氧化碳气体，使得任何一个进入这里的人都可能死亡。吸上几口一氧化碳气体，就会引起化学肺炎。明尼苏达州医学院曾经研究过这些病例，除了一个人以外，其余全部死亡。

荷兰科学家C.J. 贝尔金十分了解除草剂的使用，他总结道：“我们在自然界中的情形，就像是一头被抑制的大象，只能在放满了瓷器的小房里散步。”博士认为，人类无法分辨庄稼地里的野草到底哪些才是有害的。

我们难以提出这样一个问题：野草和土壤之间究竟有何联系？就算我们从自身出发，狭隘地看待这件事，它们也是有关联的。土壤和其中以及其上生活着的生物都相互依存。换言之，土壤给了野草些什么，野草也回馈土壤什么。

近日，荷兰一个城市花园的玫瑰花生长得不好，这就是个实例。土壤样品的检测显示，有很小的线虫侵害了它。不过这里的科学家没有使用化学药物或土壤处理，而是推荐在玫瑰花中种植金盏草。讲究的人会认为这种金盏草是玫瑰园里的野草，可是它的根部却能够分泌出杀死线虫的物质。这个建议被采纳了，同时也在一部分地方不栽种金盏草，以此做个对比。显然，结果是金盏草帮助玫瑰开得更加繁盛，而没有金盏草的地方，玫瑰开始有些枯萎。如今，很多地方也用金盏草消灭线虫。

我们或许还不清楚其他植物对土壤的益处，却在过去残忍地杀害了它们。土壤的状况究竟如何，是可以通过一些植物来显示的，也就是我们称之为野草的自然植物群落。不过，在喷洒了化学药物的区域，这自然是没有用的。

在喷药问题上找答案的人，也关注着一件很重要的事：保留一些自然植物群落。我们要保留一些自然植物群落的原始状态，才可以和我们自身做出的事物带来的改变形成对比。我们需要它们作为自然栖息地，以便那些原始昆虫可以得以生存保留，具体情况会在16章中描述。也许是有其他生物遗传原因，不过对杀虫剂有抗药性这一点，正改变着昆虫。有位科学家甚至建议，在昆虫的遗传性质被完全改变以前，应该建造一个特殊的园林，放置最原始的昆虫、螨类和同类生物。

专家曾经发出过警告：除草剂的增加，让植物发生了难以捉摸的巨大变化。化学药物2.4-D被人们用以清除阔叶植物，然而这么做的后果却是，原本已经消停的“草类竞争”中又激烈起来。某些种类的草变成了“野草”。这样一来，新的控草问题又出现了，并由此循环下去。这种情况很特殊，在最近一期的农作物杂志上写道：“因为2.4-D被广泛用于治理阔叶杂草，所以野草开始疯长，并对谷类与大豆的生长造成了威胁。”

枯草热病受害者的病原就是豕草，它为我们提供了有趣的例子。有时候，控制自然的努力会白费。为了控制水草，导致沿路排放出很多化学物质。不幸的是，全覆盖式的喷洒让豕草不减反增。它是一年生的植物，种子每年都要在开阔地域生长。反复地喷药反而为它创造了一片荒芜的旷野，以至于豕草很快就占据整个土地。另外，大气里药粉的含量或许和城市土地上和休耕土地上的豕草有关，而与水草无关。

消灭山查子草的除草剂的上市也许不合理却大受欢迎。让山查子草和其他牧草竞争，从而无法生存下去，这个方法比直接用化学药物要更有效。山查子草自身有种特性：只会在不茂盛的土地生长，也就说，我们可以让周边的环境变得好一点，青草茂盛，这样山查子草就不会生长了。

苗圃人员听从农业生产商的意见，郊区人民又听从苗圃人员的意见，从而每年都喷洒大量的山查子草除草剂。商标名称里无法看出农药的性质，可是配制的成分里，有砷、汞、氯丹这类的毒物。农药的出售和应用规定，使得草坪里残留了大量化学物质。好比一种药品的使用者按照规定在一英亩地里应用60磅氯丹产品，可如果他使用了其他的产品，那一英亩的地里就会有175磅的砷。在第8章我们会看见人类为鸟类的死亡而困扰，而草坪对人类的影响如何还无从知晓。

对道路和路标两旁的植物进行选择性喷洒，这个实验是成功的，因此为人们提供了一个希望，即是说，用正确的生态方法的确可以很好地控制农场、牧场或森林。而且此种方式只需针对某一种特别物质，不会把整个植物群落当作整体。

一些稳定的成绩很好地说明了有什么事是我们可以做到的。生态控制方法对于控制不需要的植物有很大的成就。大自然本身也见过我们烦恼的问题，可它能够用自身的方式成功解决。对一个有丰富知识，并观察了自然想去征服自然的人而言，是会得到成功的奖励的。

加利福尼亚州，控制克拉玛斯草就是控制不理想植物的典型例子。克拉玛斯草是一种欧洲土产，也就是常说的山羊草，在欧洲它被称为“圣约翰草”，跟着人类向西方迁徙，美国1793年第一次在靠近宾夕法尼亚州兰喀斯忒的地方发现它的存在。1900年，它生长到了加利福尼亚州的克拉玛斯河附近，所以得到了这个名字——克拉玛斯草。1929年，几乎十万英亩的牧地被它侵占，到1952年，面积已经达到250万英亩。克拉玛斯草和鼠尾草不同，其生长区域里没有自我生态位置，也没有动植物需要它。反而它出现的地方，牲畜会因为吃了这种有毒的草而功能衰竭死亡。土地价值大打折扣，所以这种草也被认为是折价的。

克拉玛斯草在欧洲就不会有任何问题，因为有很多昆虫同时出现，它们吃掉大量的草，也就限制了草的疯狂生长。法国南部，两种像豌豆一样大的昆虫，有金属光泽，它们让自己完全适应这个草，并依靠它生存、繁殖。

1944年，北美第一次用食草昆虫来控制植物生长，这一批甲虫的到来具有历史意义。1948年，它们都很好地繁殖生长起来，不需要再进口。至于传播它们很简单：从原本的繁殖地将甲虫收集好，再以每年100万的比例散布。甲虫散布的区域内，只要克拉玛斯草枯萎，就会自动前进，而原本被排挤的、人们期望看见的牧场植物就会生长起来。

1959年完成的10年考察期已经证实了，克拉玛斯草的数量已经控制为原来的百分之一。这个效果比热心者期望的要好。这种甲虫的繁殖是无害的，而事实上，我们需要这种甲虫去阻止克拉玛斯草的疯狂增长。

澳大利亚也有一个经济又成功的控制野草的案例。殖民者曾经有这样的风俗，带一种动植物进入新国家。1787年，阿休·菲利浦船长带了许多仙人掌来澳大利亚，试图用它们培育胭脂红虫。其中一些仙人掌从果园里泄漏，等到人们发现它时，大概20种仙人掌已经成为野生的了。这片区域里没有什么因素可以控制它，于是仙人掌开始扩散，占据了几乎六千万英亩的土地。这里面起码有一半的土地因为浓密的遮盖而无法使用。

1920年，澳大利亚昆虫学家奉命去美国研究仙人掌的宿敌，经过实验以后，发现了一种阿根廷的蛾。1930年，澳大利亚就投放了30亿个这种蛾的卵，十年以后，仙人掌全部死亡，这片区域又开始恢复居住和放牧。整个事件的处理，平均下来，每一亩地的花费不超过一个便士。而早年间使用的化学药物，不仅无法控制，平均每一亩地还花费了10英镑。

食草昆虫对于植物的控制有很大的作用，这一点两个案例已经说明了。这些昆虫确实很容易被畜牧业者选择，而且专一的食用习性也为人们带来了利益，可是牧场管理科学却从没有考虑过这种可能性。

盲目的破坏

人类征服了自然的同时，却已经破坏了自然，危害了人类自身的居住地，也危害了地球上其他的生命。最近几个世纪的历史记录中，都有着黑暗惨淡的一幕：西部平原屠杀了野牛；猎户毒害了小鸟；白鹭因为人们对羽毛的贪婪而死亡。各种情况层出不穷，而目前又有了新的事件：化学药物的喷洒让哺乳动物、鱼类、鸟类甚至所有生物都遭受侵害。

目前，因为我们对生命哲学的指导意见是，没有任何事物可以阻止化学药剂的使用。人们认为消灭昆虫时被无辜伤害的生物是不重要的。例如，鸟儿、野鸡、浣熊等，如果正好因为喷洒药物和昆虫一起灭亡，是无所谓的事情。

期望野生生物受害的事情有个公平判决的居民正陷入两难之境。外界有两种声音：一个是保护分子和野生生物研究学家，他们认定杀虫剂的喷洒会带来大的灾难。另一方是控制机关人员。他们认为不会有什么影响，或者是有影响也无所谓。居民们不知该听哪方之言好。

证据的充分性、确切性自然是最重要的一点。野生生物学家在现场，依然是最了解野生生物损害的人，那些专门的昆虫学研究家，从思想上，就不愿意自己的化学药物在控制昆虫时造成不好的伤害，自然是看不清问题所在的。那些州和联邦政府人员，坚定地否认生物学家，他们说其实野生物的伤害很轻微，至此否定生物学家所说的现实。圣经故事里的牧师和利未人，因为关系不好而不再来往。就算我们善意地认为，他们的否认是因为对专家和有利害关系的人不关心，也不代表我们要接受他们的言论。

要想有自己的独特见解，最好翻阅资料，查看以往的控制计划，再询问那些熟悉野生生物，对化学药物没有偏见的人，问问清楚，化学药物像雨水一样喷洒而下时，情况到底如何？对那些为自己花园里有很多鸟儿而开心的养鸟人而言，以及那些荒野探险者来说，破坏一个区域的野生生物中的任何一部分，这都会让他们不快乐。这个观点是正当有理由的。如同那时候，鸟类、哺乳动物、鱼类在药物喷洒后虽然能够存活，却已经受到危害。

可是，喷药行为是重复性的，很难会给野生生物重新发展的机会。一般来说，药物的喷洒会毒害周遭的环境，使其成为一个有毒的圈子，原有圈内的生物就慢慢毒化而死，新进的生物也会慢慢重复这个过程。且药物喷洒的面积越大，危害性越强。安全的绿洲已经消失了。现在控制昆虫的计划里，几千英亩甚至几百万英亩土地作为一个 10 年计划被喷洒药物。10 年里，不论私人还是集体的药物喷洒，都让美国野生生物的损害和死亡记录倍增。就让我们来看看这些计划究竟带来了什么吧。

密歇根州的东南部，包括底特律郊区的 27 000 多英亩的土地，在 1959 年的秋季都接受了化学药物的大量喷洒。地区农业部和国家农业部联合实行这个计划，称是为了控制日本甲虫。

其实这个计划的实施并不是必要的。这个州有位著名的博物学家家 W.P. 尼凯尔，他说自己在南部的很长时间内，夏季都在田野度过，也未曾发觉甲虫有巨大的数量以至于人们要扑灭它的地步。甲虫没有随时间一起增长，天然环境里他几乎就只看见一只日本甲虫的存在。而计划悄然进行着，他无法得知昆虫数目增长的情报。

官方宣称日本甲虫在空中袭击区域出现，虽然没有充分正当的理由，可是鉴于人力监管的执行和联邦政府的人力补充，以及承担所有杀虫剂的购买，计划就开始了。

日本甲虫是进口昆虫中的意外，1916 年，新泽西州在靠近里维顿的一个苗圃中，看见几只带有金属绿的发光的甲虫，这就是日本甲虫。最初其实还没有辨认出它。1912 年的律例规定不许苗圃订货进口，所以显然它们是在此之前被意外引进的。

密西西比河东部的许多州，其温度和降雨都适合甲虫生活，所以这种日本甲虫也从最初的地点，蔓延到密西西比河东部的州。每年都会有甲虫跨越分界线，不停地向外扩张。而在它居住时间最长久的东部地区，也努力地控制过。而事实证明，通过自然控制方法的地区，其甲虫的数量已经很低。

东部的确是用自然控制解决了甲虫问题，可是中西部地区却发生了袭击，运用最强大的杀虫剂，想要消灭虫子，却让很多的人类、牲畜等面临中毒之害。消灭日本虫计划，导致大量生物生命受害，也让人类自身遭遇到危机。密歇根州、肯塔基州、艾奥瓦州、印第安纳州等很多地方，全都在控制甲虫的名义下，受到化学药物的侵害。

控制日本甲虫，第一次大规模的化学药物喷洒，是在密歇根州。艾氏剂是化学药物中毒性最强的，且最廉价，所以人们才选用它，可是它不是只针对日本甲虫有效的产物。官方一边承认着艾氏剂的毒性，一边暗示人口密集的区域喷洒它会有危害。当地出版物曾经引用一个联邦航空公司官员的话：“药物喷洒的效果如何？是安全无害的操作。”同时底特律一位园林及娱乐部门的代表，也表明这种药物不会伤及人类和牲畜。然而，没有任何一个官方人员去查阅过艾氏剂毒性的资料，也没有谁查阅过公共卫生调查所发表的报告资料。

密歇根州有一个律法：可以不征得土地所有人的同意就使用杀虫剂，因而低空飞机就这样开始围绕着整个底特律。居民们担忧害怕的呼声越来越多，越来越大，城市当局和联邦航空公司渐渐被他们的呼声包围。一个小时内就接收到800个质问。警察让广播电台和电视报纸告诉公众，这一切是安全的。联邦航空公司的安全员也发声保证：“我们仔细地监管着飞机，而低飞是被允许的。”原本是为了降低公众的恐惧感，可是这位安全员接下来的话，却有些错误：“飞机是有紧急措施的，如果负载超荷，会立即倾倒全部的事物，目前没有这种情况。”可是，飞机执行任务的时候，把杀虫剂像雨水一样滴落在人类和生物身上，这些所谓无毒物质正淋在上班的人、上学的孩子和上街买东西的人身上。家庭妇女从行道上清扫着像雪一样的小粒。密歇根州的阿托邦学会此后也指出：“艾氏剂和黏土混成的白色小药粒，成百万地撒进房屋间隙、水槽和树枝间隙，每次下雪或下雨时节，它们就成了致命的药水。”

底特律阿托邦学会在药物喷洒几天后就收到了保护鸟类的呼声。秘书安·鲍尔斯说，一个星期天的上午，接到一位妇女的来电，说从教堂回家的途中，看见大量的鸟儿死去或挣扎着。

而那里周四刚刚喷洒过药物。她说这片区域内根本没有鸟儿，自己门前发现了死鸟和死田鼠。那一天，秘书收到很多这种电话，全是报告鸟类大量死亡和濒临死亡的消息的。而那些垂死的鸟儿的症状：无法飞翔、瘫痪、惊厥，全是杀虫剂中毒的现象。

鸟类不是唯一受到影响的生物。根据一个地区的兽医的报告显示，很多人带着自己的猫狗来求医。小心舔食着自己的爪子的猫是受伤最严重的。症状就是严重腹泻、呕吐和惊厥。兽医给求医者最多和唯一的劝告只有一个：尽量别让它们出门，出去以后回来记得洗干净爪。可是氯化烃在水果和蔬菜里都是无法洗掉的，所以这样的方式保护性有限。

城镇卫生委员始终认为，鸟儿是被其他药物所毒害的，艾氏剂的使用引发喉咙发炎和胸部刺激，他们也否认了，坚持认定是其他原因。可是群众的控诉不断。底特律有位著名医生，为4位病人看病时发现，他们观看飞机撒药不小心接触到杀虫剂，一小时后就发病，其症状是呕吐、发烧、咳嗽等。

底特律用化学药物来灭掉日本甲虫的做法，被很多城镇学习。所以几百只死鸟和垂死的鸟儿，出现在了伊利诺伊州的兰岛上。1959 年的这里，曾经用七氯处理过 3000 多英亩的土地，而据地方运动俱乐部所说，喷洒过药物的地方，鸟类都灭绝了。同时还有很多兔子、袋鼠、鱼类等相继死去，甚至连当地的一所学校，都把收集死鸟作为科学活动。

伊利诺伊州东部的舍尔敦和艾若考斯镇附近地区，应该是损失最为惨重的，没有城镇在控制昆虫上比他们更悲惨。1954 年美国农业部和当局农业部发展消灭昆虫计划，路线就是甲虫侵入伊利诺伊州的路线。他们确保全方位地喷洒药物，并且满怀希望。第一次消灭行动的时候，就有1400英亩土地喷施过狄氏剂，2600英亩土地也在1955年被空中喷洒。任务似乎完满结束，化学处理的土地面积越来越广泛，1961年，已经有131000英亩被处理过。没有和美国鱼类和野生生物调查所，以及伊利诺伊州狩猎管理科有过任何商量，化学药物就这样不断地喷洒着。

化学控制方面的资金支持一直都有，可是一些生物学家，想要测定化学控制对野生生物的危害，却几乎没有任何资金可用。1954年雇用野外助手只花了1100美元，1955年也没有专项资金。虽然情况让工作有些艰难，可生物学家还是综合出了事实，眼前的景象就是生物被破坏的惨景。并且计划只要开始实践，破坏的惨景就会出现。

那些以昆虫为主食的鸟儿会中毒，除了毒药本身的性质之外，和散播毒药的方式也有关系。狄氏剂一开始在萨尔顿早期执行计划的时候是每英亩三磅。然而狄氏剂的危害有多强，只要想想实验室曾经的那些鹌鹑就一目了然。它比DDT毒性强大50倍，也就是说土地上喷洒的那些狄氏剂，实际上是每英亩150磅的DDT。而且因为药物的喷洒会重复和重合，所以这还只是估算中最小的数值。

化学药物开始侵入土壤，那些中毒了的甲虫，其幼蛆就来到地面，不久就死亡，这吸引了很多的鸟儿。喷药以后两周，就有大量的鸟儿死去或垂死。其数量上的影响是最容易想到的。褐色长尾鲨鸟、燕八哥、野百灵鸟、白头翁和雉，这几种鸟类实际上已经被消灭，而知更鸟几乎灭绝。小雨过后，会有很多蚯蚓的尸体，知更鸟食用了它中毒。同样，雨水因为毒物的侵袭，开始成为鸟类生活的一种摧毁性药剂。曾经我所看见的画面就是：药物喷洒之后几天，喝过雨水坑里的水和在里面洗澡的鸟儿全都死亡，侥幸活下来的也痛苦不堪。而在用化学药物处理过土壤的地区，鸟窝很少，就算里面有鸟蛋也孵化不出小鸟。

而在哺乳动物里面，田鼠被发现中毒而死，最后几乎灭绝了。经过药物处理的区域，有很多麝香鼠和兔子的残骸。曾经常见的狐鼠也开始销声匿迹。

萨尔顿地区，自从人们用化学药物控制甲虫以来，再没出现过一只猫。一个季度的时间，猫就成为化学药物的牺牲品。其他地区也有过记载，所以这种事情原本是可以预料的。猫对杀虫剂，尤其是狄氏剂十分敏感。爪哇西部就被曝出有很多猫死掉，以至于那里每只猫的价格都翻了一倍。委内瑞拉也有这样的现象，世界卫生组织说，在喷洒药物后，猫已经成了稀有动物。

萨尔顿地区因为昆虫控制计划死亡的不只是野生生物，还有家禽牲畜。科学家观察过牛羊群，证明它们是中毒死亡。自然历史调查报告里，也曾经有这样的案例：羊群被从5月6号喷洒过的狄氏剂的田野赶到另一片牧场时，要穿过一条沙砾路。显然药粉已经跨过小路来到牧场，所以这里的羊群中毒了。它们不想吃东西，总是惴惴不安地晃荡，总是叫着、转悠着、耷拉着头，最终还是不情愿地被带离牧场，它们需要水。穿过牧场的小溪里发现了死羊，用尽力气让留下的羊远离小溪，所以它们开始恢复原貌，存活下来。

1955 年年底的状况就是上述那样。虽说化学控制持续了多年，可是研究资金已经没有了。研究野生生物和昆虫杀虫剂关系的钱，已经包含在一年的预算里了，可是这笔由自然历史调查所提交给伊利诺伊州立法机关的预算，在最初的项目中已经使用了。1960年，因为无法支付野外助手的工资，在调查所里，一个人得做四个人的工作。

人们为了消灭日本甲虫，八年以来，伊诺卡斯城有10万多英亩的土地被化学处理，而且这项计划严重破坏了生态，可是如此大的代价换来的，只是日本甲虫在一小段时间被控制，之后就开始向西前进。伊利诺伊州的生物学家测定出来的经济花销只是一个最小值，我们或许永远都不知道究竟要花费多少。如果为这个计划提供了充足的资金支持，又放开全面报道的话，那么可以揭露的惨状会更多，更令人吃惊。可是计划执行的这8年以来，生物学家的研究费用只有6000美元，同时联邦政府之前的控制行动就花费了735000美元，州立政府还补贴了几千美元。所以，提供的资金仅仅足够化学药物喷洒计划的百分之一。

中西部的喷药计划进行得紧张且恐慌，让人觉得像是甲虫造成了十分危险的局面一般，所以才采取这种残忍而不顾一切的方法。可是这不是事实，要是那些被化学药物侵害的村庄，可以知道美国早期控制日本甲虫的历史，就不会同意这样的做法。

东部各州受到甲虫侵害的时候，人工合成杀虫剂还没有出现，所以他们采用了自然控制法很好地解决了这个问题，这是很幸运的事情。这里没有底特律或萨尔顿模式的大批量喷药行动，它们的控制方法是利用自然的控制作用，让环境永久地安全下去。

甲虫来到美国的前十年，因为没有可以限制它生长的因素，所以它开始大量繁殖发展。1945年，远东进口的寄生虫，以及让甲虫机体致命的疾病，在大部分区域内，它的伤害已经减少了。

1920～1933年，认真广泛地调查了日本甲虫的背景后，从东方国家引入了34种寄生性昆虫和捕食性昆虫，用来天然对抗日本甲虫。其中的5种在东部定居，来自朝鲜和中国的寄生性黄蜂，是其中最有效和分布最广的昆虫。雌蜂对土壤里的甲虫幼蛆注射液体让其瘫痪，又在它的表皮下产卵，如此一来，蜂卵孵成了幼虫，并且以甲虫幼蛆为食物。25年的时间内，东部14个州引进这种黄蜂，目前它在这个区域内已经定居下来，并且很好地控制着昆虫，所以科学家都很信任它。

日本甲虫属于金龟子科，也是甲虫科的一种，而有一种细菌性疾病影响了它。这种特殊的细菌不是只针对它，而不会侵害蚯蚓、植物等。疾病的孢子在土壤里生存，觅食的甲虫幼蛆吃掉它后，血液里就开始繁殖这些疾病，虫蛆变成变态白色，所以被称作“牛奶病”。

新泽西在1933年发现这种疾病，1938年已经蔓延到所有日本甲虫生长的土地。为了可以更好地控制昆虫，传播这种疾病，1939年实施了一个控制计划，虽说目前还没有人工方法可以增加疾病的传播，可是有种替代的方式：把感染了细菌的虫蛆磨碎、干燥，加以白土混合。1克土里有一亿个孢子。东部14州在1939～1953年有约94000英亩的土地做了这种处理；在一些人们不熟知的开阔地区或私人领地，也做了处理。1945年，牛奶病在康涅狄格、纽约、新泽西、特拉华和马里兰州的甲虫中里盛行。实验室中的虫蛆感染率达百分之九十四。1953年，这项工作不再是政府事业，已经被私人实验室承包。

这种细菌可以存活很多年，所以从前实施这种计划的东部区域，对于甲虫控制方面自然无忧无虑。这种细菌由于效力增强及被自然作用传播，已经在那里站稳了脚跟。

可是，西部为什么不能使用东部这种经验呢？有人说牛奶病的接种费太贵，可是40年代的东部完全没有这个问题，况且，这种昂贵是怎么算出来的呢？这个评价没有考虑现实状况，实际上，我们只需要接种一次就好，那也是唯一的费用。所以显然，这样的评价，并不是根据目前化学药物造成的全面摧毁现象估算的。

还有说，牛奶病的孢子要在有大量甲虫幼蛆的土壤里才可以定居生存，所以少部分甲虫区域无法使用此法。对于这个说法，需要存疑，就像怀疑喷药的鼓励声明一样。目前的发现得知，牛奶病在日本甲虫很少的区域，或是完全不存在的区域都可以得到传播，孢子在土壤里甚至不需要幼蛆就可以长期存活。它们一有机会就会像甲虫泛滥一样广泛传播。

那些继续使用化学药物的人，必定不会考虑后果和代价，还期望可以立刻有成效。也有些人醉心于名牌商品，反复花钱以确保化学药物控制昆虫的工作可以继续。

而那些采取牛奶病的人，愿意静心等待一两个季度，最终会得到完美的控制昆虫的结果，并且还会长期地保持下去。

伊利诺伊州伯奥利亚的美国农业部实验室，正在进行一个广泛的研究，其目的是想要找出能够人工培养牛奶病菌的方法。这在降低成本的同时还促进了病菌的传播。多年的研究以后，有了一定的成果。中西部化学控制计划的噩梦，一直都是这些甲虫疯狂泛滥的时候，所以一些理智和远景有时可以让我们更好地去对付日本甲虫。

伊利诺伊州东部喷洒农药这件事，不只是科学问题，在道义上也有问题。即所有的文明真的可以在一场摧毁性的战争中不毁掉自己，不毁掉该有的尊严吗？

这种杀虫剂不会只对某一特定昆虫有效，也就是说它们不具有选择性。可是使用它们的原因是它们有毒性可以致死。然而就这样，家养猫、耕牛、兔子乃至天空的云雀，都因此失去了生命。可是这些生物对人类而言并非有害物。相反正是因为他们的存在，人类世界才更加绚丽多姿。可是人类用死亡报答着它们。一个科学家观察了垂死的百灵鸟：身体侧躺着，失去飞翔的能力，只能不停地拍打着自己的翅膀，收缩爪子，张着嘴用力呼吸。而田鼠那默默的死亡之景更加可怜：弯着背，前爪紧握放在胸前，头和脖子往外看，嘴里有些脏东西，很难想象它是怎么样来啃食地面的。

生而为人，我们默许生命受到这样的侵害，又何曾不是在降低自己作为人的地位？

再也听不见鸟儿的歌唱

从前的美国，在清晨总是会听见鸟儿动听的歌声，如今，越来越多的地方没有了鸟儿的身影，清晨也开始变得沉寂。鸟儿给这个世界添加了很多的色彩、乐趣等，可是一些地方无法感知到，直到它们销声匿迹了才发觉自己忽略了鸟儿的作用。

1958年，伊利诺伊州的赫斯台尔城里，有位绝望的家庭主妇，给美国自然历史博物馆鸟类名誉馆长罗伯特·库什曼·马菲写了一封信。信里说道："6年前我刚刚来到这个村子时，有很多鸟儿在这里飞翔，所以我做了饲养工作。整个冬日，北美的红雀、绵毛鸟和五十雀等都不断地从这里飞过，到了夏季又再次飞回。然而这几年来，村子里一直持续地在为榆树喷洒药物。"

"DDT被投入使用后的几年，村子里就发生了变化。城里几乎看不见知更鸟和燕八哥；饲鸟架上的山雀也消失了两年，连红雀也在今年开始不见了；邻居那边，大概也就只有一对鸽子和一窝猫声鸟留在那里筑巢。学校里的知识让孩子知道，鸟类受到联邦法律的保护，是不会被捕杀的，我也就没有理由对孩子说它们是被害死的。每当孩子问起鸟儿是否会回来时，我都哑口无言。榆树、鸟儿都正在死亡，是否已经在针对现象行动了？还是可以采取什么行动？我又能做些什么呢？"

亚拉巴马州有一位妇女，在联邦政府大规模地喷洒药物来消灭火蚁时，也曾这样写道：“半个世纪以来，我印象里的村子都是鸟儿的一个圣地，去年 10 月还有鸟儿增多的迹象。可是今年的八月中旬，鸟儿突然销声匿迹了。当我清晨习惯性地喂养已经生下小马驹的母马时，再听不见鸟儿的歌唱声。这是个凄凉的场景，到底人类对美好的世界做了什么？最终，5 个月以后，才出现一种蓝色的樫鸟和鵪鹑。”

信中妇女提及的那个秋季，我们也收到了很多来自密西西比州、路易斯安那州及亚拉巴马州边远南部类似的报告。《野外纪事》是一本季刊出版物，它由国家阿托邦学会和美国渔业及野生物服务处负责，记录中曾说道：“这个国家现在出现了些令人胆战心惊的情况：鸟类完全消失的空白。”一些有经验的观察家，对特定区域的野外进行了长时间的研究调查，并掌握了大量区域内鸟类的生活习性以及相关知识，而这本《野外纪事》就是他们所编纂的。有位观察家说到那一年的秋天，他驾车行驶在密西西比州南部，可是沿途都难以见到鸟儿的踪迹；另外在倍顿·路杰的观察家也提及，自己放在那里的饲料已经有几个星期没有鸟儿触碰；院子里的灌木已经可以抽条，然而树枝上却还存有很多浆果。还有报告显示，曾经他的窗口会有四五十只红雀或其他鸟儿聚集，就像是有了花样的一幅图画，可如今一两只都难以寻觅到。莫尔斯·布鲁克斯曾在报告中提到：“西弗吉尼亚的鸟类数量减少，这件事真的让人难以置信。”这位西弗吉尼亚大学教授，同时也是阿巴拉契亚地区的鸟类权威。

众所周知的知更鸟之死的故事，就象征着鸟类悲惨的命运，它征服了一些鸟类的同时，也威胁着所有的鸟儿。第一只知更鸟的出现，告诉着千百万美国人，冬季的河流正开始解冻。人们热切地在吃饭时相互传递着报纸上报道的知更鸟已到来的消息。候鸟的来临，让森林开始恢复绿色的生机，让成百上千的人可以在清晨听见动听的歌声。可是如今这一切都不复存在了，就连鸟儿的返回也成了特别的事物。

事实上，包括知更鸟在内的很多鸟儿的生死存亡，和美国榆树都有着密切的联系。这类榆树是大西洋岸到洛基山脉上千座城镇历史的参与者，它们让街道、村庄和校园都染上庄严的绿色。可是现在榆树生病了，严重到专家一致认为再怎么努力救治都是白费。没有了榆树本就是个悲剧，要是在治疗过程中还导致鸟儿灭亡，这就是双重悲剧，也就是这一点正在威胁着我们。

1930年从欧洲进口镶板工业用的榆木节时，美国才有了所谓的荷兰榆树病。这属于菌病，这类菌渗入到树木的输水导管中时，孢子借由树木汁液的流动慢慢扩散开来，因其本身带毒，且有着阻塞作用，所以才会让榆树死亡。榆树皮甲虫是传播这种病的途径。因为死去的榆树树皮下，那些被昆虫开凿的渠道被菌孢入侵，产生污染，就黏在了甲虫身上，跟随着它飞到很多地方。要想控制榆树病，更多地要依赖对这类昆虫的控制。所以美国但凡是榆树集中的地方，如中西部和新英格兰州，所有的村庄都开始大量喷洒药物。

那么这种药物的喷洒，对鸟类尤其是知更鸟有什么影响呢？密歇根州大学的教授乔治·渥朗斯，以及他一个研究生约翰·迈纳，第一次对这个问题有了一个清晰详细的解答。1954年的迈纳，准备把知更鸟当作自己博士论文的研究题目。当时并没有人发觉知更鸟处于危险期，此事纯粹是个偶然。不过在他准备开展研究时，发生了一件改变研究课题性质的事情，并且他再没有了研究对象。

大约是1954年，校园内开始喷药来控制荷兰榆树病，起初范围还很小。一年以后，其范围已经扩展到包括整个大学在内的东兰星城，而且对于吉卜赛蛾和蚊子也采取这种控制方式。

在第一次喷洒药物不多的那年，也就是1954年，事情的发展似乎都很顺利，来年春季，知更鸟也一如既往地返回到校园内。一切好像汤姆林逊的散文《失去的树林》中的野风信子一般："当它们再次返回熟悉之地时，完全没有发觉有什么不幸之事在靠近。"很快，校园内发生了变化，不断有知更鸟死亡和濒临死亡。往常鸟儿啄食和休息的地方再也看不见它们的踪影。基本上校园内没有鸟儿筑巢，幼鸟也不再出现。未来的好几个春季里，都是这种寂静的单调现象。喷洒过药物的区域成为一张无形的网，让那些休憩的知更鸟在一个星期内就死去。不断地有鸟儿扑进这张网，也就不断有死亡的现象，可以发现这些即将死去的鸟儿，一直在挣扎颤抖着。

根据渥朗斯教授的说法，那些在春季想要找到住处的知更鸟，必须要远离校园了，因为这里俨然成了它们的埋葬之地。但是原因何在？一开始，教授也猜测过是否是因为神经系统类的一些疾病造成了这种现象，后来慢慢发现，正是那些杀虫剂的毒素，害死了知更鸟。就算人们一再保证喷洒的药物对鸟类无害，然而事实证明，知更鸟就是死在这种药剂之下，它们死亡时的表现，是人们熟知的没有平衡、战栗、惊厥、死亡。

知更鸟是因为吃了蚯蚓后间接致死，而不是直接接触到那些杀虫剂，这一点有例可证。校园研究项目里的蝼蛄，曾经被偶然地喂以蚯蚓为食，不久就死去了；而实验室笼子里的一条蛇吃过这类蚯蚓后也开始颤抖。可是知更鸟春季的主食就是蚯蚓。

如此一来，知更鸟似乎是注定要死亡，而它的死亡之谜很快被罗·巴克博士解答，他是尤巴那的伊利诺伊州自然历史考察所的。在1958年发表的作品里，他详细地叙述了整个过程。知更鸟因为蚯蚓，和榆树之间有了联系。首先，春季的榆树被喷洒了化学药物，7月的时候，有一次进行了喷洒，其药物浓度为之前的一半；强力的杀虫剂让树木下的水流，变成了有毒的物质，杀死皮甲虫的同时，也杀死了包括授粉的昆虫、捕食其他昆虫的蜘蛛及甲虫等其他昆虫。然后树叶和树木上有了一层有毒的薄膜，雨水也无法冲刷掉它；秋季的落叶堆积湿润，慢慢成为土壤的一部分，而就在这个缓慢的过程里，蚯蚓吃掉叶子的碎屑，同时也吞噬了那些杀虫剂，体内开始积蓄毒物。巴克博士调查发现，蚯蚓的消化管道、血管等里含有DDT沉积物，毋庸置疑的是，部分蚯蚓抵抗不了毒物而死去，另一部分活下来了却成了毒物的放大器。最终，春季的知更鸟到来时，循环就开始产生了。知更鸟只要吃掉11只大蚯蚓，就足以吸收到致死的DDT分量。而一般情况下，鸟儿每分钟可以吃掉10～12只蚯蚓，所以11只的数量真的微乎其微。

倒不是所有的鸟儿都会吃到致死的量，可是就算不中毒而死，它们也会产生不育的后果，这一样可以令一种鸟类消失殆尽。不仅如此，不育的威胁还扩散到所有的生物范围内。密歇根州立大学的面积有185英亩之大，可是如今每年的春季，最多也就只有三十只知更鸟存在。而在药物喷洒之前，这里有379只左右的知更鸟。1954年，迈纳研究的知更鸟，每个都孵出了幼鸟，正常情况下，到了1957年6月底，应该会有370只幼鸟在校园觅食，可如今的迈纳只能找寻到一只知更鸟的踪迹。1958年的春夏两季，根据渥里斯教授的报告显示：校园内再没有一个长毛的知更鸟，也没有人再看见过一只知更鸟。

虽然存在着知更鸟在完成营巢过程前死去，以至于没有幼鸟出现的原因，然而渥里斯有足够的记录去证明鸟儿的生殖能力其实已经被破坏了。比如说，他观察记录得知：知更鸟同其他鸟类筑巢，却没有下蛋，其他的蛋也无法正常孵出小鸟。记录中的一只知更鸟，21天都未能孵出小鸟，而正常情况下，13天就该有幼鸟出生了。经过研究发现，伏窝的鸟儿的睾丸和卵巢有大量的DDT残留。1960年，渥里斯把事情报告给国会，“10只雄鸟的睾丸中，DDT含量有30%～109%，两只雌鸟的卵巢里，DDT含量是150%～211%”。

结果出人意料：在短短几周内，那些长期未使用的仪器都不得不超负荷运转，以至于无法再接受其他样品。接下来，科学家研究了其他区域，而情况还是那样让人忧心忡忡。威斯康星大学的尤素福·赫克教授和自己的学生一起，对于喷洒药物区和未喷药物区进行了认真的比对研究，结果表明：知更鸟的死亡率在86%～88%。密歇根州百花山旁的鹤溪科学研究所，曾经试图估算过有多少鸟类会因为药物的喷洒而受到伤害，所以1956年的时候，那些被认定是DDT中毒死亡的鸟儿，都被送到了研究所分析化验。1959年的报告显示，一个村就有1000只中毒的鸟儿。知更鸟的确是主要的受害鸟类，但是其余63种鸟类也在被研究中。向榆树喷药产生的破坏中，知更鸟只是其中的一部分；而同时，杀虫剂药物喷洒计划中，榆树的喷药行动，也不过是其中一个。很多郊外居民和自然爱好者熟知的鸟儿，都属于那有 90 多种遭受侵害的鸟儿之一。喷洒了药物的城镇中，鸟儿的筑巢现象明显减少，幅度高达九成。目前的情况，就像眼前所见的一样：地面上吃食的鸟儿、树上筑巢的鸟儿，甚至是猛禽都受到了伤害。

我们现在有充分的理由可以做出这种推测：以蚯蚓为主食和土壤生物为主食的鸟儿，以及哺乳动物，它们的命运都和知更鸟一样，正遭受着威胁。在大约 45 种以蚯蚓为主食的鸟类中，山鹬是其中之一，近年来，它们的冬季都在南方度过，而那里喷洒过强烈的七氯。如今可以观察到山鹬的历年变化：首先是新布朗韦克孵育场中，幼鸟数量大幅减少，其次是长大的鸟儿体内含有大量 DDT 和七氯残毒。

已经出现了 20 多种地面觅食的鸟类死亡，这让人感到不安。而蠕虫、蚁、其他土壤等，作为鸟儿的食物，早已经中毒了。死亡的鸟类中，有 3 种歌声最优美动听的画眉：橄榄背鸟、鹈鸟和蜂雀。那些轻抚过茂密丛林，带着树叶的沙沙声觅食的麻雀，以及那些会歌唱的麻雀和白颔鸟，都已经成为榆树喷药计划的无辜受害者。

同样，哺乳动物也会直接或间接地成为这一系列连锁反应中的一员。浣熊和袋鼠几乎都是以蚯蚓为主食的，而地鼠、鼹鼠等地下打洞者，也需要捕食蚯蚓，毒物就这样被传递给叫枭和仓房枭这样的猛禽。威斯康星州，春季暴雨后发现冻死的叫枭，或许是因为中毒而死。曾经观察到一些长角猫头鹰、叫枭、红肩鹰、食雀鹰、沼地鹰等，出现惊厥的反应。或许它们是因为吃掉了那些体内含有毒物的鸟类和老鼠，从而引发二次中毒。

地面上因为榆树叶子喷药而遭受危险的捕食的鸟儿，以及那些捕食这些鸟儿的猛禽，只是受害鸟类的一部分。森林里的精灵，那些红冠和金冠的鷦鷯，微小的捕蚊者和春季活力四射的鸣禽等，凡是在枝头去觅食的鸟儿，都已经从喷洒过大量药物的区域里消失了。1956 年的暮春时节，推迟了喷药时间，却刚好赶上成群的鸣禽迁徙时间，因此它们就这样被大批量地毒杀了。在正常情况下，威斯康星州的白鱼湾，可以看见上千只的山桃啭鸟，1958 年榆树开始喷药后，也就只能看见两只了。随着时间的推移，其他村镇鸟儿死亡越来越多，被毒害的鸟类中，还有人们喜爱不舍的黑白鸟、金翅雀、木兰鸟和五月蓬鸟，以及那些在正月的森林中啼声回荡的烘鸟，翅膀上闪着火焰般色彩的黑焦鸟、栗色鸟、加拿大鸟和黑喉绿鸟。这类全是在枝头觅食的鸟儿，它们或因吃掉昆虫中毒而死，或因缺少食物而亡。

到处都是蝇虎，而原本强壮的普通幼鹟却再也看不到了。空中觅食的燕子也受到了损害，没有食物的它们像水里的青鱼捕捉浮游生物一般，拼命搜寻。“几乎所有人都抱怨说燕子在减少，四年前的天空中飞舞着的全是燕子，如今却难以看见了，这证明它们已经受到严重伤害。或许是因为喷药让昆虫减少，也或许是昆虫含有毒性。”这是一位威斯康星州的博物学家所说的话，他也谈到过其他的鸟类：“鹟，是另外一种十分明显的受害物。”这两年的春天，我都分别只看见过一个。威斯康星州其他捕鸟人说，从前自己养了五六对北美红雀鸟，如今什么都没有了。而那些筑巢的鷦鷯、知更鸟、猫声鸟和叫枭也不见了踪影。夏日清晨里只有害鸟、鸽子、燕八哥和英格兰燕子，这样的悲剧让我无法忍受。

山雀、五十雀、花雀、啄木鸟和褐啄木鸟的数量突然大幅度减少，大概是因为秋季榆树的特定喷药时期，使得毒物渗入树皮中的缝隙。1957～1958年的冬季，华莱斯教授第一次发现，自家门口的饲鸟处没有了山雀和五十雀，之后研究了3只五十雀后，发现一个让人痛心的现实：当一只五十雀正在榆树上觅食，另一只因为DDT中毒死去时，检验得知，那种死亡的鸟儿，体内还有226%的DDT。

对昆虫喷洒药物以后，不仅是鸟儿的觅食习惯会让自身受伤害，经济效益方面和其他有些隐形的方面，受到的损害也是巨大的。比方说，夏季，白胸脯的五十雀和褐啄木鸟的主食就是那些昆虫的卵、幼虫、成虫等。山雀有大部分食物都属于动物类，包括各个阶段的昆虫。《生命历史》这本叙述北美鸟类的巨作中就写到过山雀的觅食方法："它们仔细搜寻着树皮、树干、细枝，以求找到一点点食物。"

鸟类可以起到控制昆虫的作用，而且经由科学研究证明，多数情况下，是决定性的作用。譬如说啄木鸟，就可以使得恩格曼针枞树甲虫的数量从百分之五十五直接下降到百分之二，还很好地控制了苹果园中的鳕蛾。而山雀以及冬季留下的鸟儿，也是可以保护果园使其免受尺蠖之类的危害的。

然而，如今这个充斥着化学药物的世界，再也不会有大自然原本的那种可能性了。这个世界的化学喷雾，不只杀死了昆虫，同时也毒害了昆虫的敌人——所有的鸟类。然而一如既往的是，昆虫的数量会开始重复增长，可是却没有鸟类可以控制它们了。米渥克公共博物馆的鸟类馆长O.J.克洛米，曾经在日报上这样说道："那些捕食性的鸟类、昆虫和哺乳动物，它们是昆虫最大的敌人，可是DDT是不会加以区分的，所以它们也被毒害了。我们打着社会进步的名义，却让自然变得更加糟糕，让自己成为控制昆虫的受害者，惨痛的代价换来的却只是一时的安宁，最终的结果仍旧是失败的。榆树被毁，大自然的警卫队——卫兵鸟——也中毒而死，害虫会留在树种里，到那时，我们又该怎么办呢？”

威斯康星州，从开始喷洒化学药物那刻，就不断有人打电话或者写信告知，鸟儿死亡或濒临死亡的消息。人们的质问，让我们清楚地了解到，凡是喷洒过药物的区域，内部的鸟儿几乎快要灭绝。

密歇根州鹤溪研究所、伊利诺依州的自然历史调查所和威斯康星大学，这些美国中西部的研究中心，都同意克洛米的观点。差不多所有喷过药物的地区的报纸上，读者来信一栏中，总会出现这样的事情：居民们已经认识到对于药物喷洒的危害，并对此感到愤怒，他们比那些下命令喷药的官员要更懂得药物的有害性和不合理性。米渥克一位妇女这样写道：“我害怕后院那些美丽的鸟儿死期将至，这个事实和经验让我悲痛，更让我愤怒的是，这场屠杀根本没有达到目的。就长远而看，保不住鸟儿，难道还妄想保住树木吗？自然界的有机体难道不是相互依存的吗？为什么一定要破坏自然的生态平衡？”

榆树的确很威严高大，可它不是印度神牛，不能以此当作毁灭所有生命的战争理由。还有妇女也提到说：“我十分爱我家的榆树，它们总是像标杆一样在田野中屹立不倒，我们也有很多其他的树种……我一定要拯救鸟儿。无法想象，没有知更鸟歌声的春天，是个多沉寂、黑暗的季节？”

我们是选择鸟儿还是榆树？二选一通常来说，似乎是很容易的事情。可事实上，问题要复杂得多。关于讽刺化学药物控制的方法的话，实在是很多，借用其中之一来说就是：如果我们沿着如今的道路不停走下去，那么最终可能既没有鸟儿也没有榆树。化学药物拯救不了榆树，还会害死鸟儿。我们幻想着杀虫剂可以拯救榆树，然而让一个又一个的村庄陷入歧途，又得不到原有的结果。康涅狄格州的格林威治就是个例子，那里的化学药物有规律性地喷洒了十年之久，就在一个干旱之季，促进了甲虫的繁殖，榆树的死亡率突然就上升了10倍之多。伊利诺伊州俄本那城，早在1951年就出现了荷兰榆树病，1953年开始使用化学药物，1959年的时候，学校就少了百分之八十六的榆树，其中有一半都是因为荷兰榆树病而消亡的。

俄亥俄州托来多城也有相同的情况，所以那里的管理人员J. A. 斯维尼选择一种更为现实的做法。1953～1959年，俄亥俄州托来多城都在喷洒化学药物，斯维尼先发现，棉枫鳞癣的大规模蔓延情况反而更加严重，然而专家曾经一直推荐这种喷雾。因此他决定自己调查研究一下，结果出乎意料：我们喷洒过药物的地区，完全无法处理和控制榆树病，反而那些没有喷洒过药物的区域可以得以控制。美国没有喷洒过药物的区域，榆树病死亡率并没有多高，这足以证明，那些药物的喷洒毒杀了榆树病的天然敌人。

“我们正拒绝喷洒药物，如此一来，就算是和美国农业部那些主张喷洒药物的人起了争执，我也有足够的证据，摆出事实，让他们为难。”

这些中西部城镇原本并没有榆树病，实在难以理解他们，为何不提前做个详细的调查分析，而是直接草率地施行喷药计划。就以纽约州为例子，荷兰榆树病大概是在 1930 年被引入的，然而纽约州很好地扑灭了榆树病，至今都还保留着那段历史记载。实际上，这里的农业项目里，并没有喷洒化学药物这一项。所以他们并非是利用药物控制疾病的。

那么，纽约州的胜利是从何而来呢？从开始保护榆树，一直到今天，该州的方法从始至终都只有一个：迅速转移或者毁掉得病、感染了的树木。一开始，人们没有意识到，不只要转移和毁掉得病的树木，还要毁掉可能被甲虫产卵了的树木，所以结果并没有多让人欣慰。被感染的榆树被砍作木柴，储存起来，开春之际，昆虫从冬眠里醒来，继续传播榆树病。纽约州的科学家意识到这些甲虫产卵对于疾病的传播作用，因而把木材集中起来，不仅可以得到好的收益，更节约了防卫费用。1950 年的纽约市，荷兰榆树病发病率就降到了千分之二。1942 年的威斯切斯特郡也开展了一场防卫运动，14 年间，榆树的死亡率就降低到千分之二。布法洛城有 185000 棵榆树，近来因为防卫运动的开展，损失已经低至千分之三；换句话说，榆树起码要 300 年才会消亡。

西西里马东部的西拉库斯的案例实在让人印象深刻。1957 年之前，那里并没有实际行动去保护榆树，导致 5 年间就失去了 3000 棵榆树。最终在纽约州林学院的 H.C. 米列的指导下，来了一场大规模运动，清除那些得病的榆树，以及吃过榆树的甲虫，断绝了病源，目前榆树损失的速度是每年百分之一。

纽约州的专家在空竹榆树病方面，特别提到了预防方法的经济效应。J.G. 玛瑟席是纽约州农学院的。他说，大部分情况下，开支是少量的。要想预防财产损失和人身伤害，就要及时处理。倘若是死去或受伤的树枝，那就除掉它；倘若是柴木，那就在春季来临之前用掉它，树皮是可以剥下的，或者可以将它们全放置在干燥位置。对于那些死去或者正在死去的榆树而言，要预防疾病的传播，就要快速地去除它们，这样的开销并没有以后的多。

如果措施是合理的，那是有可能会防止住榆树病的。因为荷兰榆树病的特点是：只要确定有了疾病，就无法被彻底毁灭。所以只能将其控制在一个范围内，采取保护性措施，不让它继续扩散下去，而不是采用那种毁灭了鸟类又得不到效果的方式。森林发生学里，实验提供了一种以杂种榆树来抵抗榆树病的可能。华盛顿哥伦比亚区已经栽种了很多抵抗力很强的欧洲榆树。这些欧洲榆树很少会受到疾病影响，就算大部分榆树都已经感染了荷兰榆树病，它们也安然无恙。在很多不断大量损失榆树的村庄，我们急需要去培育林木，来移植树木。这些计划中，或许会包含有欧洲榆树，但更重要的是，应该要建立起树种的多样性，如此一来，才可以使得城镇的树木不全部被疾病所害。英国生态学家查理·爱尔登曾说过，健康的动植物环境的关键在于，保持物种的多样性。如今发生的事情，有很大一部分原因是从前的生物太过单一，以至于招致灾祸后，全部灭绝。因而当路旁的榆树死去后，鸟儿也跟着死去了。

鹰，作为国家的象征，这种美国鸟和知更鸟有着一样的命运，它正濒临灭绝。过去十年间，鹰的数量巨幅下降。研究表明，在鹰所生活的环境里，有一种能破坏其生育繁殖能力的因素。具体是何因素目前不得而知，不过有证据显示，杀虫剂也是难辞其咎的。

那些沿佛罗里达西海岸从达姆帕到福特海岸线上筑巢的鹰，曾经是北美地区被研究得最详细彻底的了。从温尼派格退休的银行家查理·布罗勃，曾经因为在 1939 ～ 1949 这十年标记了上千只小秃鹰而在鸟类学界闻名。因为此前鸟类界的鹰标记数量不过 166 只。在幼鹰离开自己的窝之前的冬季的几个月，布罗勃先生对它们做了标记。此后，这些有标记的鸟儿，沿海岸线向北飞入加拿大，远至爱德华王子岛，表明了它们的迁徙之路，而在此之前都认为它们是不会迁徙的。秋季时分，它们返回了南方。宾夕法尼亚州东部的霍克山顶是个观察它们迁徙活动的好地方。

最初标记鹰的那几年，布罗勒先生时常会在海岸带上发现 125 个有鸟的鸟窝。每一年都会有 150 种小鹰被做上标记。1947 年开始，小鹰的出生率开始降低。鸟窝里没有蛋，其他的蛋里也没有小鸟出生。1952～1957 年，百分之八十的小鸟不再孵出蛋了。最后 1 年里，只有 43 个鸟窝还有鸟儿居住，其中 7 个鸟窝里孵出了幼鸟，23 个鸟窝里有了鸟蛋，却孵化不出鸟儿；13 个窝里什么都没有，只成为鹰觅食的休憩地。1958 年，布罗勒先生沿海岸行走了近 100 英里后，才看见 1 只小鹰，为它做上了标记。1957 还可以在 43 个巢里发现大鹰，如今却只能在 10 个巢里看见了。

1959 年布罗勒先生去世，没有继续这个颇有价值的研究，然而佛罗里达州阿托邦学会，还有新泽西州和宾夕法尼亚州撰写的报告里，已经证明了这样的趋势：我们或许不得不去寻找新的物质，作为国家的象征。莫瑞斯·布朗的报告特别醒目：“宾夕法尼亚州东南部，一个美丽的山脊区，就是霍克山，阿巴拉契亚山的最东部山脊阻挡了西风的来袭，也成了最后的屏障。风触碰到山脉偏斜而上，因此这里的秋季，很多阔翅鹰和鹫鹰可以毫不费力地跟随着上升气流直上云霄。如此一来，向南方的迁徙过程中，它们一天可以飞翔很多路程。山脊和岭中的航道汇聚在霍克山，所以鸟儿从广阔的区域通过这一交通繁忙的狭窄通道飞向北方。”

禁猎区的管理人莫瑞斯·布朗，已经工作了20余年，他所观察记录的鹰，比任何一个美国人都多。8月底和9月初，是秃鹰迁徙的高峰。它们大概是从北方度过夏季后迁徙回家乡的佛罗里达鹰。1935～1939年，刚刚开始设立禁猎区，在所观察到的鹰里面，有百分之四十的年龄在1岁左右，这一点从暗色羽毛上就可以轻易地分辨出来。然而近几年来，幼鸟已不多见。1955～1959年，幼鹰只有总的鹰数的两成；1957年发现，平均每32只成年鹰里只有1只幼鹰。

霍克山以及其他区域的观察结果都是一致的。伊利诺伊州自然资源协会的一位官员爱尔登·佛克斯，也发表过相同的报告。北方筑巢的鹰大概都是沿着密西西比河和伊秘诺斯河过冬的。1958年，佛克斯先生的统计数据显示：59只鹰里只有一只幼鹰。撒斯魁汉那河的蒙特·约翰逊，是世界上唯一的一个鹰禁猎区，然而那里的鹰的种类也有灭绝的趋势。此岛距康诺云格坝上游区8英里，离兰卡斯特郡海岸只有半英里，不过依旧保持着原始状态。荷伯特·H. 伯克教授，从1934年开始，就一直在这里观察鹰巢。他是鸟类学家兼禁猎区的管理人。1935～1947年，伏窝情况是规律且顺利的。1947年后，就算成年鹰占领了窝，也下了蛋，却并没有小鹰出生。

蒙特·约翰逊岛上一些成年鸟儿在窝里栖息，生了蛋却孵化不出幼鸟，和佛罗里达的情况一致。追究其原因的话，估计只有一个：在鸟儿的生存环境里，有些因素破坏了它们的繁殖能力，以至于没有幼鸟出生。

詹姆斯·大卫博士，是美国鱼类及野生物服务处的研究人员，据他的实验结果得知：很多鸟类都出现了这些现象，并且大部分是人为造成的。大卫博士进行了很多经典实验，是针对杀虫剂对野鸡和鹌鹑的影响作用的，实验结果充分证明了，DDT之类的化学药物在杀死鸟类以前，已经破坏了它们的繁殖能力。虽然鸟类受到影响的途径可能有不同，可是结果却都只有一个。实验中，在喂食鹌鹑的时候，把DDT掺杂进去，鹌鹑不会立即死亡，甚至还正常下了蛋，然而却怎么也孵化不出幼鸟。大卫博士解释道：“孕期早期阶段，很多胚胎都很正常，然而孵化阶段的时候就死去了。”其中一半以上是在5天之内死亡的。对于野鸡和鹌鹑的同步实验显示：如果整年都用含有杀虫剂的食物喂养它们，它们是绝不会生出蛋的。罗伯特·路德博士和查理·捷那雷博士，是加利福尼亚大学的研究人员，它们也有同样的发现：“野鸡吃掉了含有狄氏剂的食物后，下蛋的数量明显减少，小鸡也很难生存。”据作者所描述的，狄氏剂残留在了蛋黄中，孵化期间和孵出期间，慢慢地给幼鸟带去影响，以至于最终结果还是死亡。

华莱士博士和一个毕业学生R.F.伯那德的最新研究证实了这个观点。他们研究过密歇根州立大学校园里的知更鸟，发现其体内DDT含量很高。检测了雄性知更鸟的睾丸和雌鸟的卵巢，在已经发育好却没出生的蛋里、输卵管里，以及尚未孵化出鸟的蛋里和蛋的胚胎里，包括新生幼鸟的体内，全都有高含量的DDT。

研究证明了一点：就算让生物不与杀虫剂进行初期接触，其毒性也能影响下一代。毒物储存在蛋、蛋黄里，经过检验，这就是致死的原因，同时也可以解释，为何很多鸟儿出生不久便死亡。

不过把这些研究应用到鹰上面时，却有了不能克服的困难。佛罗里达州、新泽西州，以及很多地区，都在进行着野外研究，力图找寻让鹰不育的原因。据目前的情形而言，杀虫剂有很大的嫌疑。鹰的食物里，比例最多的应该是鱼，而在大量鱼集中的地方，特定的沿海区域一直喷洒着DDT。空中撒药的主要目的，是灭掉生长在沼泽和沿海区域的蚊子。然而这些区域，全是鹰觅食之地。这里有很多的鱼、蟹被毒杀，实验室的分析表明，它们体内DDT的含量高达百万分之四十六。这里的鹰就像清水里的鸊鷉一样，吃太多含有DDT物质的鱼类，从而在自己的体内也累积了很多DDT。同样，野鸡、鹌鹑和知更鸟，也都无法再生育幼鸟，繁殖后代。

整个世界都有了一个共鸣现象：鸟儿有濒危的迹象。不同的报告是有些细节上的差异，然而最核心的内容全是化学药物的使用导致野生动物死亡。就拿法国的葡萄园为例，含有砷的喷雾剂喷洒过园林后，几百只鸟儿和鹧鸪开始死亡。就连曾经因为鸟类众多而闻名世界的比利时，也因为农药的使用，害了鹧鸪。

英国的问题有些特别，因为它们是在农作物播种前，对种子用杀虫剂做处理。处理种子并非什么新鲜事，早期的药物是杀菌剂，从没察觉到这对于鸟类有什么影响。1956年，人们试

图一举两得，因而在杀菌剂里加入了七氯、狄氏剂、艾氏剂等，想要同时达到控制昆虫的目的，然而事实却很糟糕。

1960年的春天，英国管理野生物的部门，如英国鸟类联合公司、皇家鸟类保护学会和猎鸟协会，不断地接到鸟类死亡的报告。有位农夫曾说道："这里就宛如战场，布满了尸体。管理人员发现很多鶸雀、绿莺雀、红雀等小鸟的遗体，它们如此悲哀可怜地失去了生命。"同时有一位猎场的管理人员这样描述过："谷物被药物喷洒后，连累了我的松鸡死掉，这让我心痛，看到一大群松鸡集体死亡，让我感到悲痛。"

英国鸟类联合公司和皇家鸟类保护学会在一份联合报告里这样写道："1960年春，死亡的鸟儿数量远不止67例。"就在这描述中的67例里，已经有59例是因为食用了含有毒物的种子，8例是毒物喷洒直接造成的。

第二年，毒剂的使用出现了高潮。众议院接到的报告显示：诺福克有片区域已经有600只鸟儿死去，北易赛克斯一个农场有100只野鸡死亡。很快，人们发现，更多的城镇卷入这场战争。林克兰舍郡是以农业为主，目前报告死亡的鸟儿有1万只，看起来这里是最严重的。从北部的安格斯到南部的康沃尔，从西部的安哥拉斯到东部的诺福克，整个英格兰农业区，都笼罩着一层毁灭的阴影。人们在1961年的时候高度关注这个问题，众议院特别委员会开始着手调查。农夫、土地所有人、农业部代表等，凡是和野生生物的生命有关系的人或政府、非政府机构，都被要求出庭做证。

有人说天空突然掉落死亡的鸽子，有人说驾车行驶在伦敦市外的200英里左右处，沿途都不会看见茶隼的身影。自然保护局的官员说，这次的危机是我所知道的20世纪以来这个地区最大的野生动物和野鸟危机。

我们没有足够的设备去分析化验这些死鸟，这里只有政府化学家和皇家鸟类保护学会工作者才可以做这样的实验。目击者述说了鸟儿的尸体被集体焚烧时的场景。不过仍旧还是收集了些尸体去进行分析研究，结果显示：所有的鸟儿体内都有农药的残留毒物成分，唯独一只不吃种子的沙鹬鸟体内没有。

狐狸也许是间接吃了有毒的老鼠或者鸟儿，也受到了一些影响。英国的兔子过于繁多，因而这里很需要狐狸的存在。可是1959到1960年，起码有1300只的狐狸死亡。那些再没有鸟儿踪迹的县郡城镇里，狐狸的死亡是最严重的。而事实表明，死因是食物链中毒物的传播，吃种子的动物体内有了毒物，传递到长毛和长羽的食肉动物体内。那些濒临死亡的狐狸，在惊厥以前，总是迷糊得兜圈晃荡。它的行为就是氯化烃杀虫剂中毒的现象。

委员会听见的这些让他们相信，野生生物的生命正因此遭受威胁，所以劝告公众，也命令农业部长和苏格兰州秘书立即行动，禁止人们使用含有狄氏剂、艾氏剂等有很大毒性的化学药物。同时，委员会提供了很多方法，让这些化学药物在上市以前得到充分的实验，以确保其安全性。值得我们注意的一点是，这些杀虫剂的研究都是用普通实验动物，如老鼠、狗等，通常不会用鸟类和鱼类做实验，所以在实践应用中，不是绝对安全的。

因为种子处理问题而导致鸟类保护问题的国家，不止英国一个。美国加利福尼亚及南方长水稻区域，也长期被这个问题困扰。人们常年以来都用DDT来处理种子，目的是消灭蝌蚪虾和羌螂甲虫。过去这里有很多水鸟和野鸡在稻田集中，猎人们总是因此而感到骄傲。可是过去 10 年的报告显示，野鸡、鸭子、燕八哥等鸟儿的死亡数量在增多。人人都知道了“野鸡病”的存在。有一位观察研究学者曾说：“鸟儿到处寻水，可却瘫痪了，只能在水沟旁和稻田上战栗。”稻田下种的春天，DDT 使用浓度多到足以杀死很多的成年野鸡，然后这种“鸟病”就这么产生了。

几年的时间，发明出了毒性更加强烈的杀虫剂，让种子的处理变得更加有害。对野鸡而言，艾氏剂的毒性是 DDT 的 100 倍，可是现在它却被普遍地用来拌种。这种做法在得克萨斯州东部水稻种植地区应用着，目前已经导致褐黄色的树鸭数量减少。我们有理由相信，水稻种植者在让燕八哥减少的同时，也在用杀虫剂去摧毁那些鸟类。

当我们不顾一切地消灭自己不中意的生物时，鸟儿就不再是毒剂所附带的影响者了，而成为这些毒物的直接目标。对硫磷这种致死的物质，仍旧不断地在空中喷洒着，有增无减，而它的目的就是毒杀农夫讨厌的鸟儿。鱼类和野生物服务处意识到，它们应该对这样的趋势加以重视，因此明确地申明：那些用来区域化处理的对硫磷，已经危害到了人类、牲畜的生命。比方说，1959 年的印第安南部，有一群农夫合伙请了一架喷洒飞机，对着河岸地区喷洒对硫磷。这里是几千只燕八哥生存的地方，它们在庄稼地附近觅食。原本这样的问题，只需要改换芒长的麦种，就可以阻止鸟儿的接近，可是农夫确信毒物的本领，就这样让那些飞机撒药，毁灭了鸟儿。

结果死亡清单上，大约有 65000 只红翅八哥和燕八哥，这样的结果大概是农夫们所满意的，可是还有很多人类没有注意到的野生生物也因此死去了。对硫磷这种毒药是有普遍作用的，不限于毒杀八哥，所以那个河岸地区的野兔、浣熊、袋鼠等，可能没有侵害过农田，却就此被判处了死刑，然而人类不仅不关心它们的死活，也不知晓它们的存在。

那么，人类又怎样呢？加利福尼亚有果园喷洒过对硫磷，而那些一个月前接触过叶子的工人已经病倒了，病情十分严重，要不是医生的医治，他们无法存活。在印第安纳州，会不会也有漫步的孩子，他们是否会因此受到毒物的侵害？又有谁来保护这些纯洁的孩子？有谁会在此警告那些无辜的游人，告知他们，他们即将进入的这片区域有致命的危险？这里的田地里，蔬菜也已经沾染了致死的药物，可是却没有人制止农夫这并不必要的危险战争。

所有出现的情形里，人们总是逃避一个问题，即到底是谁做出了决定，导致毒物大量扩散？是谁让天平的两端变成甲虫吃掉的树叶和成群的可怜的羽毛？这些羽毛全是鸟儿的生命逝去的遗物。是谁有权利说无昆虫的世界是最完美的，而没有和千百万人民有过任何商量？这是暂时拥有独裁权的人所做出的决定，他忽略了千百万人的意愿，做出了这个决定。可是这千百万的人都认为，大自然原本的美丽和秩序，是有意义且不可缺少的。

死亡之河

大西洋绿色海水的深处有很多小路，它们是鱼类通往海岸的道路，虽然看不见摸不着，却是陆地河流水体流动而成。鲑鱼在几千年来，已经熟悉了这条淡水形成的水路，还可以沿着这条线路返回它们生命最初的那个小支流。新布兰兹维克的“米拉米奇”的河鲑，在1953年的夏秋季节从大西洋觅食回来后，流入故乡河流。鲑鱼来到的地方，有很多河网，都是由绿树成荫的溪流组成。秋日里的鲑鱼在河床的沙砾中产卵，溪水轻柔地拂过。云杉、凤仙、拇树和松树构成的这片针叶林区，是鲑鱼绝佳的产卵地，让它们繁殖下去。

很久以前，这里就是这样的情况，不断地循环着。美国北部出产最好的鲑鱼的河流，就是这样的情况。1953年的时候这里的情况被破坏了。

母鱼会提前在河底挖好一个浅槽，而秋冬季，大个的、硬壳的鲑鱼卵就产在这里。依照常规，鲑鱼卵冬季发育很慢，春天的小溪解冻时鱼卵才会孵化。它们只有半英寸长，所以一开始只是藏在河底的石子里，不吃东西，只是依靠大蛋白囊生活，等到蛋白囊被吸收完毕，就到小溪里去找寻昆虫。

1945年出生了很多小鱼，那些刚刚孵化出来的一两岁的鲑鱼，带着鲜艳的外衣疯狂贪婪地搜寻着昆虫觅食。

夏季就已经发生变化了。米拉米奇河流的西北部区域，在前一年被喷洒过很多化学药物。加拿大政府为了消灭侵害森林的云杉蚜虫，实施这个计划已经1年了。云杉蚜虫是本地常常侵害绿树的虫子，加拿大东部每隔35年，就会爆发一次。50年代初，因为数量达到高峰，所以开始用化学药物喷洒。最初只是小范围地喷洒DDT，1953年开始扩大范围，几百万英亩的森林都喷上了药剂。

1954年6月，撒药的飞机就开始在河流西北部林区大量喷洒，每一英亩喷洒量为半磅溶于油的DDT，药水洒落在森林，同时进入到河流中。飞行员只顾完成任务，从来不避忌河流，然而这些喷洒物就算是在微弱气流中也会飘得很远，所以就算飞行员注意了也没有多大的用处。

喷洒行动刚刚结束，就出现了毁坏迹象。两天后，河流沿岸就出现死鱼，其中有很多幼小的鲑鱼，鳟鱼也不能幸免。道路两旁和树林里的鸟儿也开始死亡。河流中的所有生物都沉默不堪。而药物喷洒以前，鳟鱼和鲑鱼正是以水生生物为食。如今的水生生物里有飞蛴螬幼虫，居住在树叶、草梗和沙砾组成的舒适环境里；河流中的涡流里还有飞石虫蛹；沟底石头边或溪流都被黑飞虫幼蠕充斥。DDT杀死了小河里的昆虫，导致幼小鲑鱼没有食物。

在这种死亡的环境里，幼小的鲑鱼自然无法逃离死亡的命运，8月份的时候，河床沙砾上已经没有了鲑鱼的身影。被孵化出1年以上的鲑鱼以及那些稍微大一点的，只是遭受了小的伤害。1952年孵出的鲑鱼留下来得很少，几乎全部进入海洋；飞机光临后的小河，1953年，有1/6的鲑鱼留下来。

1950年开始，加拿大渔业研究会就在研究米拉米奇西北部的鲑鱼，所以人们才能看见完整的历史记录。每年这个学会都会检查一次河里的鱼。生物学家会记录它们的产卵数量、不同年龄组的幼小鲑鱼数量和其他与它们一直居住的鱼类的正常数量。正是因为喷药前有过记录，才能准确地判断出喷药以后的损失有多惨重。

这样的记录不只可以看见鱼类损伤，还可以分析水流本身受到的影响。不断地喷药行为已经改变了这里的环境，河里的水生昆虫死亡，鲑鱼和鳟鱼没有了食料。要想大量地繁殖昆虫，给鱼类做饲料，这个时间会很长，单位是以年计算的。

蚊蚋、黑飞虫这种小品种昆虫，的确是可以在很短的时间恢复，可是它只能为几个月大的鲑鱼提供饲料，稍大一点的鲑鱼，需要水生昆虫作为食料，蜉蝤、硬壳虫和五月金龟这些水生昆虫没那么快恢复。为了让鲑鱼有食料，加拿大人还移植过蜉蝤幼虫，可结果依然是被那些喷药所危害死亡。

新布兰兹维克和魁北克各在1955～1957年的时候，喷洒过很多次药物，可是树蚜虫的数量没有减少，反而有了抗体。1957的时候，大约有1500万英亩田地被药物喷洒过，当药物停止喷洒后，树蚜虫开始疯狂繁殖。没有谁认为用化学药物控制树蚜虫是不必要的，所以持续的喷药，渐渐地让人们发现了它的副作用。加拿大林业局已经规定，DDT的喷洒量，不能超过每英亩0.25磅，以此来减少对鱼类的危害。而在美国，药物喷洒量并没有减少。几年以后，加拿大人发现正反效果都有，所以规定喷洒对从事鲑渔业的人而言，并没有多大改变。

知道这里发生了什么，以及其发生的原因，这一点很重要。

米拉米奇西北部原本会走向毁灭的道路，可是一个特殊的综合事件拯救了它，曾经引人注目的事情也不再是问题的焦点。

我们知道的是，1954 年的米拉米奇在大量喷洒药物后，除了一个狭窄区域外，此后再没有喷洒过药物。1954 年的秋天，热带风暴的来临改变了这里鲑鱼的命运。艾德纳飓风到达了北上的终点，倾盆大雨降落在加拿大和新英格兰海岸。因洪流和河流开始流向大海，所以很多鲑鱼因此而来。结果是在曾经鲑鱼的产卵地上又有了大量的鱼卵。第一次喷洒药物致死的那些小昆虫，已经恢复了数量，所以幼小的鲑鱼发现，这里适合它们生存。1955 年出生的鲑鱼，不仅有很多的食料，还因为 1954 年的药物杀死了鲑鱼，所以它们没有竞争者。它们生长得快速而数量繁多，很快结束生长阶段进入海里；1959 年的时候又返回这里，产出大量的幼小鲑鱼。

米拉米奇西北部是因为只喷洒了一年的药物，所以幼小鲑鱼才会有所增加，情况相对较好。可是其他被多次喷药的流域，鲑鱼的数量明显减少了很多。

所有喷洒过药物的河流里，各种年龄的鲑鱼都有，生物学家的报告指出，最小的鲑鱼其实已经消灭了。米拉米奇西南全部地区在 1956 ～ 1957 年的时候都喷洒了药物，所以 1959 年出生的幼小鲑鱼数量很少，渔夫也在议论着这些小鱼数量的骤减。在江口采集的样品处，鲑鱼数量已经只有从前的 1/4。1959 年的流域内，只有 60 万条 2 ～ 3 岁的鲑鱼，数量是前三年的 2/3。

这样的现实让人们不得不指望将来可以有替代 DDT 的物质出现。

加拿大东部除了喷药面积大以外，没什么特殊情况，我们已经有了一手资料。缅因州有云杉和凤仙森林，有控制昆虫问题，也有鲑鱼洄游问题，可是河流被污染了以后，只是依靠生物学家的保护和努力，残余的鲑鱼是无法存活的。一直实验着用喷药来控制蚜虫，可是影响的范围正在缩小，起码鲑鱼产卵的河流没有受到影响了。可是缅因州内陆渔猎部发现了一个情况，也许是一种预兆。

报告指出，1958 年药物喷洒以后，大考达德河里就立马出现了死鱼。这些死掉的鲫鱼全都是 DDT 中毒症状：奇怪的游行，战栗和惊厥。喷药后的头五天，两个河段的渔网里就有 668 条死鱼。小考达德河、卡利河、阿德河和布勒克河中都有很多鱼中毒身亡，也时常会看见身体虚弱濒临死亡的鱼儿顺流而下。有时候在药物喷洒一个星期之后，还会有失去视力并且垂死的鳟鱼。

很多研究工作已经证明，DDT 能够让鱼眼变瞎。1957 年一位生物学家说，人们现在可以在河流中随手抓到曾经凶猛的鳟鱼。它们行动缓慢，不逃跑。经过调查显示，眼睛上有层不透明的白膜。实际上，它们已经失去了视力。加拿大渔业部门表示，百分之三的 DDT 不会杀死银鲑鱼，可能让它们失去视力。

控制昆虫的方法在有大森林的区域，都会威胁到那些溪流中的鱼类的生命。美国 1955 年就有一个鱼类毁灭的例子。黄石公园附近喷洒了农药以后，秋天就在黄石河流中发现很多死鱼，喜欢钓鱼的人们和管理处人员都被震惊了。那里有 90 英里的河流遭受侵害，300 公尺一段的岸边就会有 600 条死鱼，包括白鱼、鲤鱼等。而鳟鱼的食料河流昆虫，已经灭亡了。

林业服务处称：规定的每英亩一磅 DDT 含量是在安全范围

的。可是喷洒了药物后的实景让人们认为，这个标准还不算安全。1956 年，蒙塔那渔猎局及两个联邦办事处——鱼类和野生物服务处、森林服务处一起参加了一项协作研究。而这一年，蒙塔那区域的喷药量达到 90 万英亩，1957 年的时候又增加了 80 万英亩，所以科学家完全不必担心没有研究场所。森林里满是 DDT 的气味，水面上也漂着油膜，河流两岸的鳟鱼死去，这个场景几乎是所有鱼死去的典型景象。我们不分死活地检测过所有的鱼类，发现它们的体内全部都有 DDT。加拿大东部喷药后，带来的最大危害就是有机食料的减少。我们研究的区域内，很多水生昆虫和河底动物都已经减少到只剩 1/10。水生昆虫一旦被破坏，要花很长时间才能恢复，可是鳟鱼迫切地需要它们作为食料。喷药后的第二个夏季，只有少许的水生昆虫出现，而从前物种丰富的河流，没有了任何底栖动物。这样的河流河段里，鱼类的捕获量都少了八成。

鱼类是不会立刻死亡的，可是缓慢地死亡才是最严重的。就像生物学家报道的那样，鱼类没有立即死亡，所以得不到应有的报道。研究所里的产卵鱼，包括鳟鱼、白鱼等，经过调查，全部死在秋天。这一点其实并不难以理解，因为不管鱼还是人，只要是生物，都会有个高潮期，它们需要脂肪的积累来为自己提供能量。因此我们知道，鱼类死亡的原因是脂肪内的 DDT 含量。

所以事情显而易见，每英亩一磅的 DDT 药物的喷洒，对于河流里的鱼伤害很大。更糟糕的是，原本的目的是控制蚜虫，可是目的没达到，还要让更多的土地被处理。蒙塔那渔猎局强烈反对喷药的计划，宣称一定会和森林服务处合作，一同减少副作用的伤害。可是这种合作真的对鱼类生命的拯救有效吗？

不列颠哥伦比亚有个例子，可以说明这个问题。黑头蚜虫在那里大量繁殖，影响甚久。森林的管理处害怕树叶的脱落会导致树木死亡，所以采取了控制行动。渔猎局管理处最关心的是鲑鱼的洄游问题，所以和渔猎局商量之后，森林公司决定调整喷药计划，以便可以减少对鱼类的影响和伤害。

预防措施是使用了，可结果还是四条河流中的鲑鱼几乎全部死亡。

有一条河流里，洄游的 4 万条成年鲑鱼几乎是全军覆灭。上千条年轻的鳟鱼也是死亡的结局。银鲑鱼和其他鲑鱼一样，有很强的回归本能要回到最初的河流。它们一般是三年生活循环史，参加洄游的鲑鱼都在同个年龄层。

不是完全没有可以把森林和鱼类一同保护起来的方法。我们不能遵从绝望主义去任由河流干涸，应该要充分利用知识来找寻替代的方法，并发挥我们的才智去创造新方法。记录中有过天然寄生性生物控制蚜虫的方法，且其达到的效果比药物好很多。我们需要推广应用这种自然控制方法，引进低毒农药，或者用微生物引发蚜虫疾病，而不破坏整个森林的生物结构。之后我们还会看见一些替代方式和相应的要求，所以我们应该意识到一点：控制森林昆虫的方法不只化学药物一种。

有三种杀虫剂会给鱼类带来危害。正如上面所述：喷药林区个别问题有关的杀虫剂，是第一种。因为 DDT 的缘故，所以它们影响了北部森林洄游的鱼类。大量的、扩散的杀虫剂是第二种。它们影响了鲈鱼、翻车鱼、鲤鱼等各种不同类型的鱼。这类杀虫剂几乎综合了所有类型的杀虫剂，可其中只有毒杀芬、狄氏剂、七氯等可以被检测到。我们能够想象到的未来，并以此做出研究实验的工作才刚刚开始，这就是第三种。因为这些事关系到盐化沼泽、海湾和河口中的鱼类。

新型杀虫剂的广泛应用一定会导致鱼类受到严重摧毁。它们对氯化烃很敏感，恰好近年的杀虫剂几乎都是氯化烃组成。几百万吨的化学毒物被投放在地面的同时，也会进入陆地和海洋的水循环里。

现在到处都是鱼类被毒杀的报告，所以美国公共卫生处不得不让人去收集报告作为水污染的指标。

大约有 2500 万的美国人把鱼当作主要娱乐资源，所以这是个关系到大多数人的问题。每年这些人都会在执照、滑车、小船、帐篷装备等上花费 30 亿美元。还有一些人因为没有了运动场地，所以经济利益也受到影响。

随处可见鱼儿因为农药而毁灭的例子。加利福尼亚州用农药控制稻叶虫，却让 6 万鱼类死亡，其中大部分是蓝鲸鱼和翻车鱼。路易斯安那州，控制甘蔗田而喷药，一年内就死亡了 20 多条大型鱼。宾夕法尼亚州为了控制果园里的老鼠，也有大批的鱼被毒杀。西部高原用氯丹控制草跳蚤，然后溪流中的鱼儿也死亡了。

美国南部，为了控制火蚁，在几百万英亩的土地上喷洒农药，主要是使用比 DDT 毒性弱一些的七氯。另外一种毒杀火蚁的狄氏剂，完全可以毒害水生生物，已经威胁到鱼类。

控制火蚁的区域里，不管是用七氯还是狄氏剂，对水生生物都会有影响。以下几句摘录的话，完全可以明白研究危害的生物学家写报告时的情形：“为了保护运河伤害了水生生物，所以处理过的水域里的鱼都开始死亡，严重的死亡情况持续有三个星期之久。”“喷药之后，短短几天，很多成年鱼就死亡了，临时性的水体和小的支流里的鱼类几乎灭绝。”

路易斯安那州的农场主抱怨池塘的损失惨重。一条运河上大概每四分之一处，就会有500多条的死鱼漂浮或者躺在河岸边。另一个郊区，有150条死鱼，是原来的1/4。已经有5种鱼类灭亡了。

佛罗里达州研究了喷过药物的池塘的鱼，它们都含有七氯残毒和氧化七氯，包括人类喜爱垂钓的翻车鱼和鲈鱼——它们是人类餐桌上的食物——而它们体内的化学物质经过研究发现，会让人类在食用以后几分钟就产生危害。

因为报告显示，多地的水生生物都死掉了。所以1958年，美国鱼类学家和爬行类学家协会通过一项规定：呼吁农业部门在事态发展更为严重以前，在造成不可弥补的危险以前，停止使用化学喷洒剂。该协会同时还呼吁，要特别注意那些种类繁多的鱼类，和一些没出现过的种类。也发出了警告：“这些动物里有很多，是固定生活在小区域范围的，所以被侵害消灭是不需要多久的。”

原本是控制棉花昆虫的杀虫剂，也伤害了南部各州的鱼。1950年以前，控制象鼻虫的时候，对于药物的喷洒是有控制的，可是因为好几个冬天都很暖和，象鼻虫开始泛滥，所以这一年棉区遭受灾难。因此大部分农夫在商人的鼓动下，使用了杀虫剂，最常用的是毒杀芬，而此类药物对鱼类有强烈的伤害能力。

这一年丰沛的雨水把化学药物带入河流，农夫为了控制象鼻虫又大量喷药，所以这一年里，每英亩农田的毒杀芬含量平均是63磅，甚至有些达到了200磅，还有过于积极的农夫喷洒了 1/4 吨。

结果很容易就想得到。富林特河流在流入惠勒水库之前，流经了 50 英里农作地区，所以这里的情况最典型。8 月 1 日，大鱼出现在富林河流域，它们流经土地慢慢倾注到河流里，河水上涨 6 英寸。第二天，河里出现了很多的东西，鱼儿在附近水面漫无目的地游荡，我们很轻易就能捕捉它们。农夫捡起鱼，放进泉水补给的水池里。清洁的水让鱼儿开始清醒。而河流中的死鱼顺水而下漂浮着。这次的死亡只是个开始。此后每次降雨，都会有很多的鱼类死亡。8 月 15 日的时候，大雨再次带着毒物进入河流，也就没有什么鱼类可以牺牲了。然而这一切的检验，是通过河流底部的金鱼笼做实验得知的——那些金鱼在一天之内就灭亡了。

白刺盖太阳鱼，这些人们喜爱垂钓的鱼在富林特河中也受到了伤害。富林特河水流入的惠勒湾里，也有很多死去的鲈鱼和翻车鱼。鲤鱼、野牛鱼、鼓鱼等水体中的杂鱼，也全部死亡了。所有的鱼都只是在鳃上出现深葡萄酒的颜色，以及运动很反常，没有其他害病的症状。

鱼水塘的农场施用了杀虫剂以后，池塘里的鱼可能会死亡。很多例子都证明了，雨水带着毒物流入河中。鱼塘不只是会受到流经的污染，还会遭受空中撒药的危害。甚至于在正常使用农药的时候，鱼类也会接触到大量的化学药物，数量足以致命。换句话说，就算用药费用降低，也不能改变现状，因为每英亩 0.1 磅以上的含量就足以给鱼类造成重大伤害。毒物一旦进入池塘则难以被清除。曾经有个池塘为了消除银色小鱼使用了 DDT，结果毒剂在排水和流动中保留了下来，慢慢积累，最终毒杀了百分之九十四的翻车鱼。显而易见的是，池塘底部的淤泥就是毒物的残留处。

现在的情形和刚刚开始使用新型杀虫剂的时候没有多大的区别。1961 年俄克拉何马州野生物保护部曾说，鱼塘和小湖里的鱼类受害报告几乎是一周一次，现在还越来越频繁。当使用了农药后，要是立刻下一场大雨，毒素就可能被冲刷进池塘。俄克拉何马州时常会出现这种情况，所以人们见怪不怪。

池塘里的鱼在很多地方都为人们提供了食物。只是这里人们考虑不到杀虫剂的影响作用，所以问题随之而来。罗得西亚浅水中的一种重要的食用鱼卡菲鲷的幼鱼被杀死，且 DDT 浓度仅为百万分之零点零四。这种鱼类生活的地方，蚊子恰好很多，所以在消灭蚊子的同时，显然没有考虑过对中非地区食用鱼的保护。

菲律宾、中国、越南、泰国、印度尼西亚和印度地区，牛奶鱼的养殖也有着相同的问题。它们通常生活在浅水池塘里，幼鱼群会忽然地在沿岸海水中出现，它们被打捞起来放进蓄养池，慢慢长大。东南亚和印度几百万人口都是吃大米的，所以这种鱼对他们而言，是重要的动物蛋白来源。太平洋科学代表大会曾经建议，全方位搜索它们的产卵地，以便发展养殖这种鱼类，可是至今也找不到它们的产卵地在哪里。可是杀虫剂已经破坏了畜养池，菲律宾有些区域的鱼塘主为了消灭蚊子，已经付出了代价。飞机喷药以后，120000 条牛奶鱼死了近一半以上，养鱼的人努力地用水流稀释也没能弥补。

得克萨斯州下游的科罗里达河，在 1961 年的时候，发生了最大规模的鱼类死亡事件。1 月 15 日，星期天的清晨，新唐湖和该湖下游约 5 英里范围内的河面上发现很多死鱼。此前没有人察觉到这个迹象。周一的时候下游 50 英里被报出鱼儿死了。至此情况很明显了：有毒的物质顺着河流向下扩散着。1 月 21 日的时候，下游 100 英里靠近莱·格兰吉的地方，鱼儿也死掉了。1 星期以后，奥斯汀下游 200 英里处，又发生了同样的事情。1 月末的时候，为了控制有毒河水进入玛塔高达海湾，关闭了内海岸河道的水闸，并转送到墨西哥湾。

当时，奥斯汀的调查者闻到了一种和杀虫剂氯丹还有毒杀芬有关的气味，在一条下水沟的污水里最为强烈。过去，这个下水沟是工业废物的排放地，曾经发生过事故；调查员走到湖泊上游时，似乎闻到六氯苯的气味，从一个化学工厂开始，飘向很遥远的地方。工厂正是生产各种杀虫剂的地方：七氯、DDT、六氯苯等。工厂的管理人员使得大量药物流入地下水沟，甚至承认多年来，这种处理杀虫剂的方式是件常规的事情。

深入的研究表明，工厂的雨水和日常生活用水也是可以带毒物进入下水道的。可是，在连锁反应的最后一环节中，有了新的发现：鱼类在被河流湖泊水杀死以前，整个排雨水系统流经了几百万加仑的水，在水压的冲刷下，沙砾和瓦块沉积物里的杀虫剂物质就被冲洗了出来，随之进入湖泊和河流，河流里的化学毒物之后又显现出来。

大量的化学毒物随着河流顺流到科罗里达时，就给鱼类带去了死亡。湖泊下游 140 英里内的鱼儿乎都灭绝了，人们曾经抱着侥幸心理去捞捕过，却没有任何发现。一共有 27 种死鱼，而每一英里的河就有 1000 磅的死鱼。这条河中的主要捕捉对象是运河猫鱼、鳅、四种翻车鱼、小银鱼、绦鱼、石滚鱼、大嘴鲈、鲻鱼、鲤鱼、河吸盘鲤、砂囊鲥和水牛鱼等，全都在死鱼之列。其中，很多扁头猫鱼的重量大于25磅，显然是这条河里的长者了。当地的居民也有捡到60磅重的，而正式记录里显示，巨大的蓝猫鱼可重达84磅。该州渔猎协会说，就算没有更多的污染情况发生，就现状想要改变鱼类的数量也是要很长时间的。天然区域里有一部分仅存的物种，可能彻底灭绝无法恢复了，而其他鱼类要依靠人工养殖活动的增加，才有恢复的可能性。

人们知道了这场鱼类惨案，却明白事情还未结束，因为有毒的河水还在向下游流淌，导致200英里以后的鱼也遭受了死亡。倘若毒流到了玛塔高达海湾，会伤害那里的牡蛎产地和捕虾场，因此我们需要把整条毒流转移至墨西哥湾水体。可是那里的生物又会有何影响呢？是否会有外来河流也带着致命的物质而来呢？

我们现在的答案多数是猜测，可是江口、海湾和沿海水里的农药污染情况，我们开始越来越重视。这些区域常常有灭蚊的农药直接喷洒而来，不仅仅是那些有毒的河水流入。

佛罗里达州东海岸的印第安河沿岸乡村，简直清晰地说明了农药对于沼泽、河口等地区生命的影响，没有其他地方可以与之比拟了。1955年的春天，人们为了消灭沙蝇幼虫，用农药处理了圣鲁斯郡2000英亩的土地，药量是每英亩一磅。然而对于水生生物而言，这是巨大的灾难。卫生部昆虫研究中心的科学家检查了喷药的残杀现场发现，鱼类彻底地死亡了，也就是灭绝。海岸边全是鱼的尸体，可以看见鲨鱼吞食垂死的鱼儿，鲻、锯盖鱼、银鲈、食蚊鱼，所有的鱼都无从幸免。

调查队的报告显示：除开印第安河沿岸以外，所有的沼泽区域里的鱼直接被毒杀的有 20 ～ 30 吨，约有 1175000 条，种类在 30 种以上。甲壳类的生物在这里已经灭绝，软体动物似乎没有受影响。水生蟹种群彻底地灭亡了，而提琴手蟹也几乎全部死光，除了一些漏喷洒药物小块区域内侥幸活着的外。很多大型的食用鱼和捕捞鱼都死去了，爬行过死鱼尸体或者吞食过它们的蟹，次日也死去了。蜗牛疯狂地食用死鱼的尸体，两个星期后这里已经没有鱼儿的残骸了。

H.R. 米尔斯博士在认真观察过佛罗里达对岸的塔姆帕湾后，向人们描述了上述阴暗的画面。国家阿杜邦学会建立了一个海鸟禁猎区，可是当为了驱赶盐沼地的蚊子使用化学药物后，那个禁猎区就颇具有讽刺意味。鱼和蟹成为牺牲品，禁猎区成为一片荒芜之地。小巧的甲壳动物——提琴手蟹成群地在泥地爬行时，画面就好似一群放牧的牛，可如今，它们无法抵御化学药物的攻击。这一年的夏秋两季，喷药行为实施很多次，甚至有地方喷了 16 次。米尔斯博士记录了提琴手蟹的状况：数量明显地减少了，10 月 12 日原本应该是 100000 只提琴手蟹活跃的时期，这个季节和气候很适合它们。然而海滨上见到的不足 100 只，大多还死亡或染病。它们战栗、抽搐、勉强地爬行，相较之下，没有喷药的区域提琴手蟹依然很多。

提琴手蟹对于它所生存的栖息区域而言，是不可或缺的。大部分的动物都以它们为食。浣熊、铃舌秧鸡、海岸鸟，以及很多居住在沼泽地的鸟儿，甚至部分来访的候鸟，也都是吃它们为生。新泽西州一个盐化沼泽地喷洒了 DDT 后，笑鹅的数量减少了百分之八十五，猜测是因为没有充分的食物而饿死的。提琴手蟹还有一些重要功能，就是它们会到处挖洞，这种行为让沼泽泥地得到清理和充气。同时，它们还是渔人的饵料。

潮汐沼泽和河口中受到农药威胁的生物不止提琴手蟹一种，还有些对人有用的生物也遭到了危害。切撒皮克湾和大西洋海岸的蓝蟹就是其中之一。它们对杀虫剂很敏感，所以沼泽地里、小海湾里的杀虫剂毒杀了很多的蓝蟹，导致当地和其他海洋来访的蓝蟹都大量中毒而亡。还有部分是类似于印第安河畔沼泽地的蓝蟹，因为处理了死鱼的尸体从而间接中毒。大红虾和蓝蟹一样属于节足动物，人们还未了解它们，但本质上，它们的生理特征和蓝蟹一致，所以猜测它们也不能幸免于难。而那些直接可以作为人类食物的蟹和甲壳类生物，也可能遭受这种危机。

近海湾、海峡、河口、潮汐沼泽这些近岸水体，是生态单元的重要构成。它们和鱼类、软体动物、甲壳类生物密不可分，所以，当水体被破坏，我们也就没有了海味食物。

甚至很多海岸水体的鱼类，在养育小鱼的时候也要依赖近岸区域。栲树成行的河流及运河形成的迷宫里，有大量的幼小的大鳍白；大西洋海岸岛和“堤岸”间的海湾沙底浅滩上，也有海鳟、叫鱼、石首鱼等在这里产卵。幼小的鱼在孵化而出后，跟随潮水进入海湾，在这些海峡中，它们发现很多食物，然后快速成长。如果没有温暖的、具有保护性的丰富食料的水体养育区，很多鱼类种群都无法保存下来。可是我们现在，正默默忍受让那些有毒的化学物质在河流的带领下，流向海边沼泽地，最终流入大海。而这些幼年时代的鱼比成年鱼更容易中毒。

此外，幼年时期的小虾，也是依靠着金海岸的觅食区而活的。沿南大西洋和墨西哥湾各州所有的渔民，捕捞的主要对象就是虾类。它们在海中产卵，不过小虾会在河口和海湾进行蜕皮和变化。从五六月开始，直到秋季，它们都会一直停留在那里，并且在水底碎屑里觅食。近岸生活这段时期，小虾的安全完全依靠河口的有利条件。

捕虾人和市场供应人员是否会受到农药的危害？最近商业捕渔局做的研究可以解答这个问题。那些刚过幼年期，有一定商业价值的小虾的抗药性就十亿分之几，正常的标准是百万分之几，所以它们的抗药性很低。实验中，十亿分之十五的农药就可以杀死一半的小虾。异狄氏剂这种毒性最强的农药，只需要十亿分之零点五就可以杀死小虾。

牡蛎和蛤的幼体也很弱小，所以威胁是加倍的。贝壳都居住在海湾和海峡的底部，从新英格兰到得克萨斯的潮汐河流中及太平洋沿岸的庇护区。成年贝壳定居后就不宜再迁徙，只是会把卵子散布在海水里，几周后，海水里的幼体就可以自由活动了。夏季，在船后绑个细跟拖网，可以收集到很多这种微小脆弱的牡蛎和蛤的幼体，还会有漂浮植物和动物一同被打捞上来。牡蛎和蛤的幼体是透明的，大小还比不上一粒灰尘，它们食用微小的浮游生物，如果这些生物死掉，它们也无法存活。农药的喷洒就会导致很多浮游生物死亡，平常用在草坪、耕地甚至是沼泽的农药，只需要其十亿分之几，就能够致死那些浮游植物。

脆弱的幼体就这样被微量的杀虫剂灭杀。就算它们遭受的杀虫剂浓度不足以致死，也会影响生长速度，以至于延长在有毒的浮游生物环境中生长的时期，也就很难发育成为成鱼。

成年软体动物起码不会太容易因为某些农药而直接中毒。

不过这不是百分之百安全的。牡蛎和蛤的消化器官是可以累积毒素的，人们在吃它们的时候通常会连它们的消化器官一起吃下去，甚至会生吃。菲利浦·巴特勒博士是商业捕渔局的，他曾说过一个坏的比喻，而人类自身在这个比喻中，就如同知更鸟当初的处境。博士提醒我们，知更鸟的死亡，是因为吃掉了含有农药的蚯蚓，而不是直接受到DDT的侵害。

用农药来消灭昆虫的直接作用是很明显的：河流和池塘里大量的鱼类、甲壳类生物死亡。故事很悲伤也令人震惊，可是那些江湾、河口的农药给人们带来的危害是看不见摸不着的，其强大的毁灭性是无可估量的。这所有的问题我们都还找不到答案。我们只知道农场和森林中有农药流出，可能被河流带入海洋，却不知道农药的总量有多少，况且，一旦毒物进入海洋，目前还没有方法可以稀释。虽说我们清楚化学物质在迁徙的过程里其性质会发生改变，可我们无从得知，它们的毒性是更强还是更弱。此外，化学物质相互间的转化作用我们还未考虑到。海洋里的生物有很多，无机物与之混合后会发生什么变化我们不得而知。这些问题急切地需要人们解决，可是我们却找不到答案。唯一可以寻找答案的方法——进行大量的研究，却没有资金的支持。

渔业，在内陆和海洋，都是和大部分渔民收入和福利息息相关的重要资源，目前却已经受到化学物质的侵害，这一点已经确认了。要是每年花在化学药物上的费用，可以有些零头拿来进行研究的话，或许我们可以发现降低危险的方法，甚至把毒物从河流中清除。公众到底要何时才能认清现实，并且采取行动？

天降之灾

一开始，人们对农田和森林的药物喷洒是小范围进行的，可是这个范围在不断地被扩张，药量也在增加。一个英国生态学家将这种情况称之为：洒向地球表面的骇人死雨。而情况也确实如此。对于这些毒物，我们的态度已经有所改变了。倘若装在一个被贴上死亡标签的瓶子里，那我们自然是会小心翼翼地使用，仅仅将它们洒向那些需要被杀死的事物上，不会让其他物种接触到毒药。可是，因为有机杀虫剂更新太多，二战后飞机又过剩，人们已经不注意毒药的使用了。如今的毒药药性比从前任何一种毒药都要强，可人们却将它从空中毫无顾忌地喷洒而下，这样的使用方式着实惊人。那些被药物侵害的地区，不单是昆虫，那里的森林树木、人类或其他所有生物，都已经遭受了毒害。药物喷洒不仅限于森林和农田了，已经蔓延到城镇和乡村。

许多人对于把化学药物从空中喷洒向农田的事情有些担忧，1950 年后期，有两次大规模的撒药运动使得人们更加焦虑和怀疑。原本，药物的喷洒是为了消灭吉卜赛蛾和红蛐两种昆虫的。它们不是美国南部和东北各州土生土长的，却已经在此生存了多年，且昆虫本身并没有对人类和生物有所危害，我们没必要使用这种暴力且绝情的做法。可是，我们的农业部长期以来，一直都是为求好结果而不择手段，所以就对它们发出了突击行动。

我们从消灭吉卜赛蛾的行动中发现，轻易地用大量的喷药行为代替局部控制行为，是会带来巨大的损失的。夸大虫害而进行行为后的结果正如消灭红螨计划一样。人们还没有充分了解害虫，就莽撞地用化学药物喷洒，结果只会是失败的。

最初生长的欧洲的吉卜赛蛾，如今在美国也已经生活了差不多一百年。1869 年，科学家把这种蛾和蚕蛾做杂交实验，有一天，几只蛾偶然飞走了，慢慢地在新英格兰发展起来。它们主要靠风来扩散，它们的幼虫很轻，能够随风飞翔。另外，大量的蛾卵借由植物转运，度过寒冷冬季。每年春季，橡树或其他硬木的树丛就会被这些蛾的幼虫损害。如今，英格兰各州和新泽西州中部都有这种蛾出现。1911 年，进口荷兰云杉的时候，这种蛾被带进这里。1938 年，飓风把蛾带到了宾夕法尼亚州和纽约州，然而艾底朗达克有种树可以吸引蛾，从而阻止它们继续西行。

我们已经用了很多方法，把这种蛾限制在美国东北部。它们进入了大陆一百年，我们就担忧了一百年：南阿拉巴契亚山区大面积的硬木森林，会不会被它们侵害？不过这样的情况尚未出现。进口了 13 种寄生虫和捕食性生物，并让它们成功在新英格兰地区定居了。这些外来品很好地控制了吉卜赛蛾的频繁侵害，所以农业部很信任这些舶来品。天然的控制方法加上一些检疫手段和局部撒药，我们已经取得了成果，害虫的扩散和侵害明显被控制住了。

上述情况的宣告刚刚过去一年，农业部就开始了新的计划，打算彻底扑灭吉卜赛蛾，所以在这一年里，以全覆盖式的方法处理了几百万英亩的土地。可是，这个计划从未成功过，农业部多次向人们宣讲，去消灭同一地区的同一种害虫。

一开始，农业部消灭吉卜赛蛾的决心很强大。宾夕法尼亚、新泽西、密歇根、纽约州在 1956 年的时候，有差不多一百万英亩的土地喷上了化学药物。喷药区的人们一直抱怨着药物给他们的危害。大面积的喷药行为开始固定时，保护主义者更加惴惴不安。1957 年宣布要对三百万英亩的土地喷药，此时的保护主义者开始愤怒。州和联邦政府的农业官员认为那些抱怨不重要，也就照旧只是耸耸肩，忽略了它们。

长岛区里有很多人口聚集的城镇和郊区，一部分还是盐化沼泽围绕的海岸区，1957 年的时候，这里也成为灭蛾喷药的区域范围。那沙郡是纽约中南部人口密集的郡县。害虫在纽约市区中心不断蔓延，这个观点总是被人们拿来当作喷洒药物的借口，事实上，这个观点一点也不明智。吉卜赛蛾属于森林昆虫，自然不会在草地、耕地、花园和沼泽或者城市里生存。可是 1957 年的秋，美国和纽约州农业部雇用的飞机，还是照旧在城市中洒下了化学药物。预先调配好的 DDT 被均匀地喷洒到菜地、田里、沼泽、鱼塘。在郊外街区喷射 DDT 的时候，一位家庭妇女正打算在飞机来临之前，把自家的花园遮盖起来，所以她的衣服被药水打湿。而那些玩耍的孩子和火车站的乘客身上，也沾染了药水。赛特克特有匹很强壮的野马，饮用了喷过药物的小沟里的水后 10 小时，就死亡了。那些油类混合物让汽车变得斑斑点点，让花儿和灌木都枯萎。鸟儿和鱼类、蟹以及那些有用的虫子全部死去。

罗伯特·库什曼·墨菲，是闻名世界的鸟类学家，曾经带领着一群长岛居民上诉法院，想要阻止 1957 年的喷药计划。最初他们的要求被法院驳回，那些来此反对抗议的居民不得不再次忍受药物的侵害。不过他们一直都坚持着，竭尽全力争取对药物喷洒的长期禁令，然而这次喷药行为已在进行当中，所以法院只能说“有待讨论”。案件一直到达最高法院处，它们拒绝申诉。法院不愿意重新审理这个案件，律师威廉·道格拉斯对此强烈抗议：“专家和官员都对 DDT 的危害提出过警告，足以说明这个案件对民众有多重要。”

长岛居民的上诉，让很多民众察觉到杀虫剂正在广泛使用，有增无减，也察觉到昆虫管理处的人，完全不顾居民的个人财产权利的倾向性。

扑灭吉卜赛蛾的过程中，人们看到很多牛奶和农产品不幸地成为牺牲品。华伦牧场位于纽约州北外斯切斯特郡，那里的 200 亩土地因为药物喷洒遭受污染。尽管华伦夫人特意提出不要喷洒到她的牧场，可是，在空中撒药的时候，是无法避开牧场的。她也曾经想办法说：“可以用土地或者点状喷洒来阻止蛾虫扩散。”虽然总是被保证说不会危及她的牧场，可是有两次，药物直接喷洒到了她的土地上，还有两次被飘洒的药物影响。纯种噶立斯母牛的牛奶，是华伦牧场的牛奶样品，研究表明，喷药后 48 小时以后牛奶内就含有百分之十四的 DDT。田野里的饲料样品自然也是有毒性的。虽然卫生局知道了这件事，却没有明确下令不允许牛奶上市。顾客的安全完全没有得到保障，这样的情况十分普遍，这就是不幸之处。食品和药物管理处规定：牛奶内不允许含有一点点的杀虫剂成分，可是规定并没有严格执行，况且还只是应用于州际的货物交易。在没有任何压力的情况下，州郡的政府可以依照联邦政府的要求规定农药标准，可是如果本地区的律法和联邦政府不同，就很少会遵从联邦规定。

蔬菜叶子焦枯而有斑点，无法上市，菜园种植者也遭难了。蔬菜里有很多残毒，一个豌豆样品被测出有百万分之十四到二十的 DDT 含量，然而允许的最高含量是百万分之七。种植者不得不承受这个巨大的经济损失，也许他们自己也明白，这已经超出了规定标准。他们中也有人研究过损失情况。

去法院上诉的人数和 DDT 的喷洒数量几乎是成正比的。其中包含了纽约州部分养蜂人的申诉。1957 年的大规模喷药以前，他们就遭受过果园喷药带来的危害。有位养蜂人痛苦地说道："1953 年以前，美国农业部和农业学院所说的每一件事，我都觉得是正确的。"可是同年 5 月份，养蜂人就失去了 800 个蜂群。大面积的撒药以后，经济上的损失是如此的惨痛，以至于其他 14 个养蜂人一起控告这个州：他们已经失去了 25 万美元。有位养蜂人的 400 个蜂群都成为 1957 年药物喷洒的目标，根据他的报告显示：林业区蜜蜂的野外工作力量已经完全丧失了，而农场地有百分之五的工蜂死亡。5 月份在院子里听不见蜜蜂的叫声，这是个很烦恼的事情。

控制吉卜赛蛾计划，逐渐被贴上不负责任的标签。喷药飞机的工钱是以药物的数量来算的，而不是土地的亩数，因而飞行员不用考虑节约药物，导致很多土地被重复喷洒。有一次，签订空中撒药的商人不是本地人，单位不在本地区，所以不同意州官员提出的法律条文，不承担法律责任。在这样微妙的关系下，苹果园和养蜂业里遭受损害的人们，完全不知道应该控告谁。

1957 年的大规模喷药行动以后，计划被缩小，还煞有介事地发表声明称：评价和检查过去的工作和农药。喷药的面积从原来的 350 万英亩减少到 50 万英亩，此后的三年，又减少到 10 万英亩。这段时期里，控制害虫处收到长岛那令人郁闷的消息：吉卜赛蛾又大量出现。这个昂贵的喷药行动，起初的目的是彻底消灭吉卜赛蛾，可最终什么也没做到，反而让公众对农业部门丧失了信任和期望。

很快，农业部那些控制害虫的人，答应要扑灭红螨，然后就忘了吉卜赛蛾的事情，专心筹备南方的大计划。对于农业部而言，“扑灭”一词就像印刷品一般不断涌现，从吉卜赛蛾到红螨。

因为有红刺，所以这种昆虫被称之为红螨。它是经由亚拉巴马州的莫拜尔港，从南美洲进入美国的。一战以后，亚拉巴马州察觉到它的存在，1928 年它就扩散到莫拜尔港的郊区，然后慢慢地侵入到了南部的很多州里。

红螨来到美国已经 40 多年，一直没有人注意到。直到它们建立了像一英尺多的土丘一般大型的窝巢，才被红螨数量最多的州的人讨厌。只有两个州将红螨写在害虫名单之上，还是 20 种当中最末尾的位置，理由是它们的窝巢妨碍了农机的操作。如此看来，官方和私人，都没有发现它对农作物和牲畜的危害。越来越多化学药物的发展让官方对红螨的态度有了突变。1957 年的美国农业部，发动了一次大规模行动。政府宣传片里，红螨变成了南方农业的侵害者，以及伤害鸟类、牲畜和人类的昆虫。

它逐渐成为电影和故事、宣传片里的攻击对象。

联邦政府和受害的州合作，力图在九个州处理 2000 万英亩的土地，这个大规模行动正式开始。1958 年，消灭红螨计划进行中，一个商业杂志报道：“美国农业部灭虫计划的不断增加，让农药制造商似乎又得到了发财之路。”

除了那些发了生意财的人，每个人都在有理有据地咒骂这次扑灭计划，此前没有任何喷药计划有过这种现象。这个计划简直是个反例：没有想象力，毁灭了生命，也让农业部失去了公众的信任。这个计划花费了很多财力，可无法理解的是，仍然要继续把基金投入进来。

红螨被说成是严重危害南方农业、毁坏庄稼和野生物、伤害鸟儿的昆虫，还说它的刺会伤害人类身体健康。所以那些不被人们信任的观点，一开始却得到了国会的支持。

听起来，这些论点如何？那些想要发横财的官方证人的声明，和农业部的重要出版里的内容是有出入的。“杀虫剂介绍通报”是专门报道对农业有害的昆虫，1957 年时，上面并未提及任何和红螨有关的介绍，这个“缺失”让人震惊。倘若农业部真的也相信自己出版物的说法，那么起码在 1952 年的百科全书里，50 万字的内容里，应该有一小部分是和红螨有关的。

农业部的正式行文里表明：红螨是伤害庄稼和牲畜的害虫。亚拉巴马州有农业实验站专门研究了红螨，其切身体验得出的答案和农业部相反。据科学家说，红螨很少会危害庄稼。F. S. 阿兰特博士于 1961 年担任美国昆虫学会主任，同时也是亚拉巴马州工艺研究所的昆虫学家，他说过去五年时间内，完全没有任何红螨危害植物的报告，也没发现它们对牲畜有影响。长期在野外和实验室里观察红螨的人说，事实上，红螨一直都是吃昆虫为生，大部分被吃掉的昆虫还是对人类有害的。红螨会吃掉象鼻虫的幼虫，保护棉花；其筑巢行动疏松了土壤，帮助了通气。密西西比州立大学考察所此后也证实了亚拉巴马州的研究。

农业部的声明证据，无外乎是口头采访农民得知的，而农民常常分不清红螨和另一种螨类；要不就是翻阅陈旧资料得知的。然而研究工作的证据，比农业部的证据有更强大的说服力。一些昆虫学家相信，因为红螨数量的增多，所以其嗜食习惯已经改变，因而很多年前的资料已经不足为信。

关于螨虫会伤害人体健康的说法被迫要修改。农业部为了得到人们对灭虫计划的支持，拍摄了一个宣传电影。电影围绕着红螨的刺拍摄了恐怖的场景。提醒人们这些刺很讨厌，不要被刺伤，就像人们要躲避黄蜂或蜜蜂的刺一样。偶尔在那些敏感的人身上，会有严重的反应，医学上记载过一个人或许会因为红螨中毒而死亡，虽然没有证实过。1959 年，人口统计办公室记载，因为黄蜂和蜜蜂的蜇刺死亡的人已经达到 33 名，可是没有人提出扑灭昆虫。更深的调查是当地的证据，这最令人信服，红螨在亚拉巴马州 40 年，还大量聚集，可是当局卫生官员说，这里从来没有人因为红螨的叮咬而死。这里红螨叮咬的病例是偶然的。儿童可能会被草坪上和游戏场上红螨巢丘刺伤，可是这并不能成为人们给几百万英亩土地喷洒农药的借口。这样的情况只需要对巢丘处理一下就可以了。

说红螨危害猎鸟，其实也没有实质的证据。M.F. 贝克博士是针对这个问题最有发言权的一个，他是亚拉巴马州奥波恩野生动物研究单位的领导人，在这片区域内，他已经工作了多年，很有经验。可是博士的观点和农业部相反："我们可以在亚拉巴马南部和佛罗里达西北部猎到很多鸟，北美鹑的种群以及很多红蝻是相互并存的。红蝻在这里已经有差不多40年历史，猎物的数量保持稳定，甚至还有增长。如果说红蝻对野生动物有严重威胁，那么这样的情况又怎么会出现？"

杀虫剂消灭红蝻计划，对于野生动物而言会有什么影响呢？杀虫剂使用的都是较新的狄氏剂和七氯。人们很少现场使用这两种药物，所以自然没有人能预料到大面积的喷洒以后，会对野生生物有什么影响。可是我们熟知的是，它们的毒性全部是DDT的很多倍。每英亩一磅的DDT情况，持续了大概十年，就已经毒杀了很多鸟类和鱼类。而狄氏剂和七氯的剂量还更多：一般是每英亩两磅，如果要控制白边甲虫的话，还得是三磅。换算成鸟的承受力，那么一英亩的七氯相当于20磅的DDT，狄氏剂则是120磅的DDT。

该州很多自然保护部门、生态学家、国家自然保护局，甚至一些昆虫学家都提出了紧急抗议。他们向农业部长叶兹拉·本森呼吁：延迟实施计划，最起码要在研究确定七氯和狄氏剂对于野生动物的影响，以及红蝻的控制方面最低的农药剂量之后。可是农业部全然不顾这些抗议，1958年开始实施撒药计划。200万英亩的土地在头一年被处理，现在事实很清楚，所有的研究工作在这个点上都已经起不了多少作用了。

计划进行的同时，州、联邦的野生物局和大学的生物学家的研究工作，开始有了很多事实资料：研究表明，喷药地区的野生生物被毁灭的情况越来越多。家禽、牲畜和家养动物都被杀死了，农业部用那些让人误会的夸大说辞直接抹杀了一切证据。可是，损害的事实不断增加。得克萨斯州汉地郡，袋鼠、犰狳类、大量的浣熊，在农业被喷洒农药后，已经全部消失了。之后的第二个秋季，这些生物也很少，这个区域内的浣熊经过检查体内含有农药残毒。

经过调查，在喷洒过药物的区域中，有百分之三十八的地方的鸟类死亡，都是因为它们吞食了消灭红螨的毒药。1959 年的亚拉巴马州，喷过药物的开阔地区有一半的鸟类死亡，多年来生活在地面或者是低矮植物中的鸟儿，死亡率是百分之一百。在此后一年中，这里也没有任何的鸣禽出现，鸟巢区异常地安静，春季也没有鸟儿来临。得克萨斯州发现了很多燕八哥、黑喉鹀和百灵鸟的尸体，大部分的鸟窝都是废弃的。死鸟的样品从得克萨斯、路易斯安那等地被送往鱼类和野生物服务处，分析检验得知，九成的样品都残留着狄氏剂和七氯。

野鹬冬季的时候，喜欢在路易斯安那的北方觅食，在它们体内检查出毒物。至于来源是很清楚的，因为它们细长的嘴在泥土中寻找蚯蚓做食料。喷药后的 6 ～ 10 个月，残留的蚯蚓体内查出了百万分之二十的七氯，一年以后还有百万分之十的含量。野鹬是间接性中毒的，成鸟和幼鸟的中毒比例也有变化，在消灭红螨的第一季节里，就已经察觉到变化了。

和北美鹑相关的消息才真正让南方狩猎者心里不安。这种在地面筑巢、觅食的鸟，自从喷药以后，已经灭亡了。亚拉巴马州野生物联合研究中心，进行过初步的调查，在 3600 英亩的土地上，共有 13 群、121 只鹑生存，在被喷洒药物以后两个星期，就只能看见尸体了。鱼类和野生物服务处分析了所有的样品，结果还是农药致死。这样的情况在得克萨斯州再次重演，该州用七氯处理了2500英亩的土地，导致所有的鹑都消失了。同时，百分之九十的鸣禽也消亡了，分析的结果仍然是农药的作用。

野火鸡是另外一种因为消灭红螨计划而骤减的生物。亚拉巴马州维尔克克斯郡的一个区域中，曾经有80只野火鸡，然而喷药后的那个夏天，人们只发现了没有出生的蛋和死去的幼禽，一只火鸡也没看见。它们可能和家养的同类有着相同的命运，农场火鸡因为化学药物的缘故，少有蛋孵出，也没有幼鸟活下来。可是未处理过的地方却没有这些现象。

不是只有这些火鸡有这样的命运。美国最著名且被人爱戴的野生物学家克拉兰斯·克台姆博士，曾经询问过土地被喷洒了药物的农民，得知树林内所有小鸟在喷药后都消失了。很多农民也提到自己的家禽等都死亡了。博士说，其中一人很生气，自己的母牛被毒死了，他只好埋葬了19头死牛，另外三四头牛也死于这种毒杀，而小牛犊只是因为出生后吃了牛奶，也一同死亡了。

这些被博士询问的农民都很迷惑，全然不知自己的土地被处理过后发生了什么。其中一个妇女说，她周围的土地被喷洒了药物，而母鸡在放养后，不知为何突然不下蛋了。还有一个养猪的农民说，毒药散布后的9个月里，都没有小猪可以饲养，因为不是死掉就是活不了很长。还有一个同样的报告显示：37胎小猪本来应该有250只，可是只有31只活了下来；自从土地被毒害后，他也无法养鸡了。

对于扑灭红螨计划引发牲畜死亡这一点，农业部坚决地否认。兽医O.L.波特维特博士曾经处理过很多被影响的动物，他发现，引起死亡的原因就是那些杀虫剂。杀虫剂喷洒两个星期到几个月的时间内，耕牛、山羊、马、鸡、鸟儿和其他野生物，都感染了致命的神经系统疾病。只有那些接触过被污染的水、食物的牲畜受到了影响，圈养的动物没事。不是只有处理红螨的地区才会有这样的情况，实验室里的研究已经证明了一切，波特维特博士与其他兽医的观察所得：的确是因为狄氏剂或七氯引发的中毒迹象。

接着博士举出了两个月大小牛犊中毒的案例。它的脂肪里有百万分之七十九的七氯含量，这个发现十分有价值。这件事后的五个月后，小牛犊到底是因为吃草直接中毒，还是间接从母体吃奶中毒的？抑或它出生前就已经中毒？博士问道："如果牛奶里含有七氯，为什么不想办法保护那些饮用牛奶的儿童？"

和牛奶有关的污染问题被波特维特博士提及，其中也包含着红螨计划中的那些田地和庄稼。土地上的乳牛怎么回事呢？田野里被撒上了药，青草就肯定会有毒素，母牛吃掉了草也就吃下了毒物，牛奶里也肯定会有残毒。1955 年，扑灭红螨计划实施之前，实验就已经证实，七氯可以被转入牛奶之中。同样，另一种毒物狄氏剂也有相关的实验。

农业部的年刊，如今也把七氯和狄氏剂列为让草类不再成为适合奶场动物或肉食动物的食物的化学药物。然而害虫控制处还是大量使用着这些药物——在一些南部的草地计划中。没有谁可以保障消费者的牛奶中不会出现农药残毒。农业部会理直气壮地说，已经对农民进行劝告，让他们把乳牛赶出牧场 1～3 个月，然而很多农场面积很小，控制计划喷洒药物的面积又很大，所以很难让人相信，人们会接受或者遵守农业部的劝告。况且残毒的稳定性很好，所以这个期限远远不够。

对于牛奶中出现农药残毒的事情，食品与药物管理处都有些烦恼，可是他们权力有限。扑灭红螨计划覆盖的那些州，牛奶业已经衰败，产品无法运送到其他州去卖，牛奶供应成为问题。灭虫计划是联邦发起的，可问题却要各州自己解决。亚拉巴马、路易斯安那和得克萨斯州卫生官员和其他有关官员，在 1959 年收到的报告显示，如果不做研究，根本无法判定牛奶都是被杀虫剂感染的。

同时，在计划执行以前，研究七氯的工作其实已经在开展。准确地说，联邦政府的灭虫行动带来了危害的这一年里，有人已经翻阅过很多出版了的研究成果，试图去阻止计划的进行。事实上，七氯在动植物或者土壤里待上一段时期后，会成为毒性更强烈的环氧化物，这个物质一般都是在风化作用后才产生。实验证明：雌鼠在被喂养了百万分之三十的七氯以后，两个星期内，体内就积累了百万分之一百六十五的环氧化物，而且人们在 1952 年时候已经知道了七氯会有这种变化。

1959 年的生物学文献记载了上述的农药转化，但是比较模糊。那时候的食品与药物管理处禁止任何食物里有这些残毒。起码这个禁令在当时给控制计划带去了一点点阻碍。虽然农业部继续索要着控制红螨的经费，地方农业管理人却已经不劝说农民使用化学药剂了，因为这些药物的使用会让农作物成为法律上禁止售卖的东西。

简单说来就是：首先农业部不进行调查就滥用化学药物，草率执行计划，然后不理会研究出来的事实成果。起初，想要实验化学药物控制昆虫的最低含量，一定是失败的。大规模、大量地使用了杀虫剂 3 年之后，慢慢开始减少剂量：从每英亩 2

磅到 1.25 磅再到 0.5 磅，有 3 ～ 6 个月农药的剂量是 0.25 磅。一位农业部的官员把这种改变称之为有进取性的修正计划，而这样的改变说明，少量的杀虫剂使用也是有效果的。如果在消灭害虫计划开始以前，人们就知晓这个报告，那么损失一定会降低很多，纳税人也能节约很多钱。1959 年，农业部也许是为了消除对计划的不满，所以提出让得克萨斯州的土地所有者免费使用杀虫剂，同时要求他们签字声明，不需要联邦、州政府对他们的损失负责。同一年，化学药物的侵害导致的后果让亚拉巴马州慌乱和气愤，所以拒绝在这个计划上投入资金。一位官员对这个计划有着这样的描述：愚蠢、草率、不明智、考虑不周全的行动，对于个人和公众都是霸道的实行计划。没有州里的资金，却得到了联邦政府的支持，还说服立法部又追加了一点费用。同时期的路易斯安那州，农民开始抱怨这个计划的签订和实施，因为红螨计划中的化学药物导致危害甘蔗的昆虫大量繁殖。说到底，整个计划什么成果都没有。1962 年的春天，农业实验站、路易斯安那州大学昆虫系主任 L. D. 纽塞姆教授做了总结："联邦和州一直领导的扑灭害虫计划彻底失败，路易斯安那州虫害蔓延的地区，甚至大过控制以前。"

如此看来，人们慢慢倾向于三思而后行，采取安全的办法。报道显示佛罗里达州的红螨数量比之前还多，而该州自己声明：会使用区域性小型控制方法，不再大规模扑灭红螨。

多年以来，人们很清楚，小区域控制办法是有效且经济实惠的。红螨有巢丘的习性，所以对一些巢丘进行化学处理是很容易的。每英亩花费也就 1 美元。一些地方如果巢丘很多，有打算实行机械化，那么耕作者可以耙平土地，然后直接对巢丘喷洒药物。密西西比农业实验站已经研究发展出了这样的做法，可以控制 90% ～ 95% 的红螨，并且每英亩地只用花费 2. 3 美元。相较而下，农业部那种每英亩 3. 5 美元的大规模控制计划，是所有办法中危害最强、花费最多，可效果最差的选择。

超越梦想

地球受到的污染不只是大规模喷洒药物。比起日积月累的无数小规模药剂喷洒，对我们大部分人来说，这种大规模撒药就没那么严重了。就像水滴石穿一样，人类接连不断地接触危险药物一直到死，最终可能会造成严重的后果。无论每一次接触的程度有多微小，但多次接触就会使得化学药剂积累在我们体内，毒素累积起来，最终导致我们中毒。没有人能够避开这种日益蔓延的污染，除非他生活的地方是世外桃源。普通人很难发现自己身边越来越多这些毒药，他们完全没有想到自己在使用这些东西，因为他们被那些巧舌如簧的劝导者欺骗了。

大量使用毒药的时代已经完全降临，随便进一个商店，人人都能买到比医用药物的致死效果强得多的化学药物，并没有人会问他一些问题；但若是他想买带有毒性的医用药物，他可能就会被要求签个名字，签在药店的毒药登记本上。随机对几家超市做个调查，都足够把那些胆子最大的顾客吓惨了，除非他对自己买回的化学药物有基本了解。

如果卖杀虫剂的店铺门前挂着一个画着骷髅头和两根交叉骨头的标志物，那么在进店时，顾客至少会对致死药物保持谨慎。杀虫剂在这种店铺里整齐地摆放着，同其他商品一样整齐。它们和泡菜、橄榄一同摆放，旁边紧挨着洗澡和洗衣服用的肥皂。小孩的手很轻易就能摸到这些装在玻璃容器里的化学药物。如果有小孩或成人不小心把这些玻璃容器给摔在地上，那么就可能会有周围的人沾到这些药物，而曾经喷洒这些药物的人，就染上了疾病。顾客把这些药物买回家，危险当然就会伴随他。比如，如果一个罐子装有DDT防虫药物，那么这个罐子上就会贴上一个警告，表示它是经过高压填装的，遇热或者明火，它都有可能会发生爆炸。有一种杀虫剂叫作氯丹，它有许多用途（包括它在厨房的用途），是一种常见的家用杀虫剂。但是，一位食物和药物管理处的药物学家说过：将氯丹喷洒在我们居住的房屋里，这是非常危险的。其他的家用杀虫剂里含有狄氏剂，这是种具有更强毒性的药物。

在厨房里喷洒这种药物，方便又诱人。不管厨房的架子纸是什么颜色的，杀虫剂都可以浸透，而且是两个面都能浸透。制造商会赠送一本说明书给我们，以便我们能自己动手杀死虫子。我们可以朝着小房间、很少走的地方以及护壁板上难以接触的角落和裂缝喷洒含有狄氏剂的药物，像按电钮一样方便容易。

如果蚊子、跳蚤或其他有害昆虫一直烦扰着我们，那我们就可以将许多种洗涤剂、擦脸油和喷雾剂涂抹在衣服和皮肤上，虽然有人已经告诉过我们，其中有些物质能够溶于清漆、油漆和人工合成物，但我们还是在自我安慰着，这些药物浸不透人类的皮肤。为了随时能够消灭各种虫子，纽约有家高级店铺推出了一种杀虫剂随身携带包，它可以用于海滨、高尔夫球场以及渔具。

我们可以在地板上涂上一种药蜡，以致能够杀死活跃在地板上的虫子。我们可以把高丙体六六六浸湿在一条布上，然后将布条放在橱柜里，或者放进口袋里，又或者放在写字台的抽屉里，这样，我们可以大半年不用担心被虫子困扰了。推出这种药物时，商家并没有表明高丙体六六六具有危险性。商家在推销这种药物时，也没有推出一种电子设备来除去高丙体六六六的气味，而他们告诉我们这是安全无味的。然而事实是，美国医学协会将高丙体六六六看作是非常危险的物质，因此，医学协会发起了一场运动，在它们的杂志上抵制高丙体六六六。

农业部在在“家庭与花园通讯”里建议我们把油溶性的DDT、狄氏剂、氯丹或者其他杀虫剂喷在衣服上。如果喷洒了过多药物，被喷物体上留下了杀虫剂，农业部称，可以很容易就刷掉。然而它没有说应该刷哪里和怎么刷。最终导致我们晚上睡觉都伴随着杀虫剂——因为我们盖的毯子是被狄氏剂浸染过的。

现如今，园林艺术也和高级毒物紧密结合了。所有的五金店、园林用具店以及超市都在销售杀虫剂，以便满足园艺工作中的需要。有些人还没有广泛喷洒药物，只能说他们动作太慢了，因为在几乎所有报纸上的园艺版块和大部分园艺杂志里，喷洒这些药物都是理所当然的事。

甚至于迅速致死的有机磷杀虫剂也被大量用于草地和观赏性植物，因此，1960年，佛罗里达州卫生部认为，必须要禁止那些没有获得许可，也不遵守规定要求的人在住宅区使用杀虫剂。在这个禁令施行前，已经发生过许多起由于硫磷中毒身亡的事件。

虽然已经警告过那些喷洒药物的园主和房主了，然而，还是不断地涌现出一批新型设备，以便在草地和园林中更容易喷洒毒物，于是也就加大了园主和毒物的接触程度。比如，人们可以在园林的水管上安装一种瓶状设备，当他们给草地浇水时，就可以利用这种设备把剧毒的毒药随着水流喷洒出去，如氯丹和狄氏剂。这种设备除了对使用水管的人有害外，还会威胁到别人的生命。《纽约时报》认为很有必要在园林专栏上对此发出警告：如果不装置一种特殊的保护性设备，那么毒物就会因为倒虹吸作用而进入到供水系统中。想到还有许多人在使用这种设备，并且只有很少一部分人发出了警告，因此，我们还会对水污染问题感到奇怪吗？

这里有一个园主身体出现问题的例子，他是个热衷于园艺的医生。最开始，他每周都对他的灌木丛和草坪有规律地喷洒DDT，之后又使用了马拉硫磷。他有时是用手直接撒药，有时是通过水管上的那种设备将药加进水管里。他在做这些时，他的皮肤和衣服往往会被药物浸透。这样大概过了一年后，他突然生病了，住进了医院。检查了他的脂肪活组织样品后发现，其体内积累的DDT已经达到了百万分之二十三。他的神经受到了大范围损伤，医生说这种损伤是永远无法修复的。渐渐地，他的体重越来越轻，感觉疲惫不堪。他患上了独特的肌肉无力症，这是非常典型的马拉硫磷中毒现象。这些情况使得他无法再继续打理他的园林。

除了一直无害的园林喷水水管外，自动割草机也装上了放置杀虫剂的设备。当园主在草地上割草时，这种设备就会喷出烟雾，像白色的蒸汽一样。于是，分散度很好的毒物微粒就进入了具有潜在危险性的汽油废气里，那些毫不怀疑的郊区居民就这样喷洒药物，致使空气污染在郊区变得越来越重，污染程度几乎没有城市比得上。

还需要说的是，关于用毒物治理园林和在家里喷洒杀虫剂的危害，商标上的警告印刷得很小，好不起眼，因而使得人们不会去花费精力阅读或者遵循。有个工业商铺调查了有多少人会认真阅读这种警告，最终调查结果表明，有不到15%的人在使用杀虫剂时，连杀虫剂包装上有这样的警告都不知道。

如今，郊区居民不惜牺牲一切代价，只要酸苹果草能长大。

能够消灭掉草地上人们讨厌的杂草的药物，装在一个个袋子里，这些袋子成为一种象征。这些药物在销售时通常有一个很美的名字，使得人们根本想不到它的本质和特性。想知道袋子里装的是氯丹还是狄氏剂，就必须要细细阅读印在袋子上毫不起眼的小标记。如果那些有关药物的处理和使用的技术资料存在危害性，那人们就难以在五金店或园林用具店里获得这些资料。与之相反的是，人们获得的是典型的说明书，描绘的情景是一个幸福的家庭：爸爸和儿子嬉笑着准备给草地喷洒药物，小孩同一只狗在草地上翻滚玩闹。一个有争议的问题是我们食物中残留的药物。这些残留物要么被工业忽视，要么就被否定。与此同时，还存在一种倾向，也就是所有坚决抵制杀虫剂用于食物的人，都被贴上了“盲目者”的标签。在这些争议中，到底哪一个才是真实的？

在医学上已经被证明了，在DDT时代（大概是1924年）到来之前，人们体内的组织里不会含有微量DDT等类似的物质。如第三章说到的，在1954年到1956年，从人体提取的脂肪样品中的DDT含量为百万分之五点三到百万分之七点四。有证据表明，从那之后，平均含量上升到了一个更高的值。那些因其职业和出于某些原因而接触杀虫剂的人，其体内DDT含量固然就高些了。

那些没有发现自己遭受杀虫剂污染的人，可以假设其贮存在脂肪里的DDT来源于食物。为了证明此假设，美国公共卫生服务部成立了一个科学小组去调查餐馆和大学食堂的食物。调查结果表明每种食物中都含有DDT。因此，科学小组得出了结论："人们可以相信的、不含DDT的食物几乎没有。"

这种遭到污染的食物数量极多。公共卫生服务部的一项对监狱伙食做的分析研究表明，炖干果含有百万分之六十九点六的DDT，面包含有百万分之一百点九的DDT等。

在普通的家庭食物里，肉和动物脂肪做成的食物都含有大量残留的氯化烃。其原因是化学物质可溶解于脂肪。水果和蔬菜里的残留毒物要少得多，因为冲洗水果蔬菜时冲走了一些，当然最好是把莴苣、白菜这类的蔬菜外层叶子给扔掉，水果也要削皮，而且不要再利用果皮等所有外壳。烹饪是无法消除掉残留物的。

牛奶是少数不含残留毒物的食物之一，因为食物和药物管理条例对其做了规定。但实际上，不管何时对其进行检查，都会检查出残留毒物。而奶油和其他奶酪品里的残留毒物是最多的。1960年，对461个这类产品的样品进行了检验后，发现三分之一都含有残留毒物。食物与药物管理局认为此种情况"不容乐观"。

如果有人想要寻找不含DDT和化学药剂的食物，那他就要到偏远且原始的地方去，还必须要放弃现代文明的安逸生活。这样的地方可能会存在于阿拉斯加北极沿海地区，但在那里也能看到污染的阴影正在靠近。科学家调查了因纽特人的食物后发现，这些食物中不含有杀虫剂。鲜鱼和干鱼，从海狸、白鲸、美洲驯鹿、麋鹿、北极熊、海象身上提取的动物脂肪，蔓越橘、鲑浆果以及野大黄，这些全部都没有受到污染。只有从喜望角飞来的两只白猫头鹰除外，它们体内含有少量DDT，也许是在迁徙时染上的。

在对因纽特人的脂肪样品调查分析时，发现其含有少量的DDT残留物（零到百万分之一点九）。原因很明显，含有DDT的脂肪样品是那些离开居住地到昂克里吉的美国公共健康服务部医院做手术的人身上的。那里同样流行着文明的生活方式，这所医院的食物所含的DDT，同大部分人口密集的城市的食物所含DDT一样多。这些因纽特人在文明社会停留时，就已经染上了毒物。

对农作物喷洒的毒药和毒粉，必然导致了我们所吃的每一餐都含有氯化烃。如果农民认真遵循标签上的警告，那么喷洒药物所生成的残留毒物就不会超出食物与药物管理局的规定标准了。暂时不考虑这些残留毒物的标准是否像他们认为的那样“安全”，有个事实是，农民在即将收获农作物时，往往会使用超出标准的药物，并想用在哪儿就用在哪儿。此外，这也说明了一点，人们是不会去看那小小的说明标签的。

甚至连制造这些药物的工业厂商也发现了农民喜欢使用杀虫剂，认为需要对农民进行教育。一家农工业的主要商业杂志近来宣称:“很多使用者都不知道使用的药物量超出了建议剂量，农作物就会失去抗药性。此外，农民总会随时起兴喷洒杀虫剂在很多农作物上。”

食物与药物管理局记载了许多这种事例。其中有些例子说明了对指标的毫不在乎：有个农民在收获自己所种的莴苣时，他喷洒的不是一种杀虫剂，而是喷洒了八种不同的杀虫剂。有个运货人对芹菜使用了剧毒的对硫磷，使用量有标准剂量的五倍之多。虽然莴苣含有残留毒物是被禁止的，但农民们还是使用了最毒的氯化烃——异狄氏剂。在收获菠菜的前一星期，也对菠菜喷洒了 DDT。

也存在偶然或意外污染的情况。装在粗麻布袋里的大量绿咖啡也被污染了，那是因为它们被装在船上运送时，船上还装有杀虫剂。放在仓库里的食物受到了 DDT、高丙体六六六以及其他杀虫剂的污染，这些杀虫剂能够进入到食物中。因此，食物在仓库里放置的时间越长，受到的污染就越多。

“政府难道就不保护我们，以免我们受到这类危害吗？”而得到的回答是：“能力不足。”在保护使用者不受杀虫剂危害的行动中，有两个原因限制了食物与药物管理局。一是此管理局只是对州与州之间贸易的食物有权过问，而对一个州所播种的农作物和交易的食物无权管控，不管其违法的事发生了多少。二是一个显然的事实摆在那里，此管理局能够办事的人太少，他们还不到六百人，但所做的事却非常复杂。据食物与药物管理局的一位官员说，只能对极少数州际贸易的农产品（远不足百分之一）进行抽样调查，这样的结果显然是不完善的。对于州内的食物生产和出售，那就更糟糕了，因为大多数州都没有完善的法律在此方面进行规定。

食物与药物管理局规定的污染标准值有很显著的缺点。在如今流行使用药物的时代，这个规定只是纸上谈兵，造成了一种假象：已经确立了安全限度，而且正继续实施着。而人们容许毒雨喷洒在食物上的安全性怎么样，很多人都有充分的理由认为，没有什么毒物是安全的，也没有哪种毒物是人们希望食物中含有的。为了确立标准值，食物与药物管理局重新检验了毒物对实验动物的效果，然后确立了一个最大的污染容许值，而实验动物的含毒量远多于这个容许值。这个容许值看似是用来保证安全的，其实违背了许多重要的事实。实验动物生活在一个人类控制的环境中，食用了一定剂量的毒药，这种情况同接触毒药的人区别还是很大的。人类接触的毒药各种各样的都有，而且很多是未知的、未测的和不可控的。就算人们午饭沙拉中的莴苣含有的DDT剂量是百万分之七——这是“安全数值”，但这顿午餐中，人类还要吃其他食物，每种食物含有的DDT都没有超出标准。此外我们也知道，随着食物进入人体的杀虫剂只是体内含有量的一部分，而且可能只是极少数的部分。化学药物通过多种渠道进入体内，累积起来就是一个无法测量的总摄入量。因此，对任意一种食物的残留毒物的“安全性”所进行的单独研究是没有意义的。

此外，还存在一些问题。有时候，确定标准值会违背食物与药物管理局的科学家所做的正确判断。科学家的这些判断在后文中会有例证。或者，确定这些值，所根据的是有关化学药物的不充分知识。在对实际情况做了更多的了解后，这种标准值就慢慢被淡忘了，甚至完全被抛弃了，不过这在人们几个月来或多年以来受到明显的危害后了。以前也给七氯设置了一个标准值，但后来又取消了这个值。化学药物在登记使用前，由于缺乏野外的实验分析法，所以导致残留毒物的调查失败。蔓越橘氨基噻唑残留毒物检查工作就受到了这一困难的阻挠。而对一般用于处理种子的灭菌剂也缺乏分析法。如果在播种的季节结束时，这些种子还未撒到地里，那它们就很有可能被人们吃掉。

实际上，确立标准值表示的是，允许受到毒物污染的食物提供给人们，这样降低了农产品的成本，农民和农产品加工商会因为得到好处而兴奋不已；但是这却对消费者有害，消费者还要多多纳税以供养警察，使其去检验他们所吃的毒物量是否会因为超过标准值而令他们死去。但是，要想检验，就必须得付出一大笔钱，超过所有法官的工资，以便用在了解毒物的用量和毒性上。最终结果显示的是，消费者付了钱，但还是在不停摄入人们不在意的毒物。

怎么解决这个问题呢？首先，要取消氯化烃、有机磷组以及其他剧毒的化学药物标准值。立马就会有人反对这个建议，因为这对农民来说就是一个无法忍受的重担。然而，像现在所要求的这样，既然能对水果和蔬菜使用百万分之七的DDT，或百万分之一的对硫磷，或百万分之零点一的狄氏剂的标准量，那么为什么不能小心地防备残留毒物的出现呢？实际上，对一些化学药物的要求就是如此的，比如用在农作物上的七氯、异狄氏剂以及狄氏剂等。如果能够对上述的药物实行此要求，那为什么就不能对所有的药物都实行呢？但这个方法不能彻底解决。写在纸上的标准值可能没什么意义。如今，我们都知道，州际运送的食物没有经过检查就运走了的达99%，所以，还要建立一个更谨慎、更积极的食物与药物管理局，扩充检查人员的人数。但是，这种给我们的食物下毒，然后又加以法律约束的制度，使我们不得不想到路易士·卡罗尔的“白衣骑士”。

他想到“一个计划，给络腮胡子染上绿色，然后再给他一把超大的扇子，而这些络腮胡子也就不会被人发现了”。得到的最终回答是，有毒的化学物质要少用，这样，使用化学药物产生的危害就会快速减少。现在就有这么一些化学物质了，如涂虫菊酯、鱼藤酮、鱼尼汀以及其他来自植物的化学药物。能够替代除虫菊酯的人工合成品已经被研发出来了，我们就不会在使用除虫菊酯时感到不够用了。对人们宣传讲授销售的化学物品的性质是很重要的。通常，消费者会被各种各样的杀虫剂、灭菌剂以及除虫剂弄得晕头转向，完全不知道哪些毒性能够致死，哪些相对安全。

另外，为了降低这些药物的危险性，使之成为农业杀虫剂，我们就要刻苦钻研可能存在的非化学方法。目前，加利福尼亚正在进行一项实验，研究的是某种特定类型的虫子由一种高度专一性细菌引起的昆虫疾病在农业上的应用。正在用这种方法进行着扩充实验。目前，利用食物中不含残留毒物的方法来有效地控制虫子，这种可能性还是相当大的。（请见第十七章）以所有人的标准来看，在新方法大规模替换旧方法前，我们不会从这种情况中得到什么慰藉。以目前的情况来看，我们比波尔基亚的客人的地位没好多少。

我们的代价

化学药物的生产源于工业时代，现在它的浪潮已经淹没了我们的环境，同时，非常严重的公共健康问题给我们的环境带来了剧烈的变化。在此之前，仿佛就在昨天，人类还因为天花、霍乱和大面积覆盖的鼠疫而生活在担惊受怕之中。现在，我们的主要问题已经不再是那些曾经无处不在的病原体了。随着环境卫生和生活条件的提高，新式药物的出现使我们能够有效地控制那些传染性疾病。今天我们担心有一种新的危险隐藏在环境中——现代生活方式的发展，是我们自己引发了这种危险。

导致环境污染和恶化问题的原因有很多，首先是各式各样的辐射导致，其次是随时间推移而不断出现的化学药物，而杀虫剂正属于其中的一部分。目前，我们所生存的这个环境，正受到化学药物的侵害，它们不断扩散，或直接或间接、或单个或联合地伤害着人体。我们的世界，留下了一个因为化学药物而产生的不详阴影，它的形状不定，呈现朦胧之态。这些化学或物理药物没有经过试验，我们无法预测接触后的后果，因为这个阴影的存在，是人类的一个心腹之患。

大卫·普莱士博士，是美国公共健康服务处的，他曾说："我们一直在提心吊胆地生活着，害怕环境被破坏到一定程度时，人类会和恐龙一样变成被淘汰的生命形式。"而有人认为：

"在知道我们的命运在症状出现二十多年以前就已经被封印了，这一认知让我们更加心烦。"

杀虫剂在环境污染与恶化中处于什么位置呢？首先，我们已经知道它们会污染土壤、水和食物，同时，它们的存在能使我们的溪流中没有鱼类的踪影，让我们的花园和树林中没有鸟儿的歌唱声。而人类，无论他多么努力地假装或否认，都无法改变自己是自然的一部分这一事实。他又如何能够逃脱这遍布全世界的污染呢？

我们知道，哪怕我们只是在这些化学药物中暴露一次，如果剂量足够大的话，是能够导致急性中毒的。但这不是主要问题。农民、喷药作业者、航空员和其他暴露在大量杀虫剂中的人身上发生的突然发病或死亡是非常不幸的，更不应该再度发生。而对于所有人来说，我们更应该加倍警惕不小心吸食少量杀虫剂之后带来的延迟效果，因为这些杀虫剂无形中污染了我们整个世界。

负责任的公共健康官员曾经指出：化学药物对生物的影响会随着时间不断积累，而它们对于一个人的危害取决于其一生中所吸食的总剂量。也正因如此，人们很容易无视这种危险。人类本性如此，会习惯性地无视那些现在并没有明显表现的危险，哪怕它们会在将来引发灾难。明智的莱因·达宝斯博士这样说："人类通常只对表现明显的疾病印象深刻，然而却有一些最危险的敌人会在不知不觉中靠近。"

我们每个人都和密歇根州的知更鸟和米拉米奇的鲑鱼一样，面临的是生态问题、相互关联和相互依存的问题。如果我们毒害了河流上令人讨厌的飞虫，那么鲑鱼就会减少、死亡；如果我们毒害了湖泊中的蚊蚋，那么毒素就会沿着食物链一环一环地传递下去，最后受害的是湖边上的鸟儿；如果我们向榆树喷了毒药，那么来年春天，我们就听不到知更鸟的歌声了。这并不是我们直接毒害了他们，而是因为毒药一步一步地沿着现在人们熟知的榆树叶—蚯蚓—知更鸟的循环扩散。这些事实都有案例可查，它们能观察得到，是我们周围可以看见的世界的一部分。它们映射出科学家称之为生态的生命之网的存在，或许可以称之为死亡之网。

然而，我们体内也有一个生态世界。在这个看不见的世界里，微小的物质可能会引起巨大的后果；而这种后果通常都看似和原因毫无关系，它们会出现的位置和发生病变的区域相距甚远。最近总结医学研究现状的一篇文章这样写着："一个点，甚至一个分子的改变都可能对整个系统产生影响，导致看似毫不相关的器官和组织发生变化。"人们研究人体神秘而微妙的功能时，会发现因果关系从不简单，也不轻易显现。它们或许在时间和空间上相隔甚远。为了查明疾病和死亡发生的原因，需要在不同领域大面积进行研究，将病人身上许多看似毫无关系、各不相同的事实拼凑起来。

我们习惯于找最明显最直接的结果，却忽略了其他影响。除非危害立刻以不容忽视的形式表现出来，否则我们都会否认危害的存在。即使研究人员也没有合适的方法在症状出现之前就能检测到受到损害的地方，这是医学中亟待解决的一个问题。

"但是，"会有人反驳说，"我对草坪喷过好多次狄氏剂，但我从没有像世界卫生组织说的喷药工人那样出现抽搐——所以这没有危害到我。"但事实并没有那么简单。尽管没有突然表现明显的症状，但是，任何经受过这类物质的人毫无疑问地都在体内积累着有毒物质。而正如我们知道的，氯化氢的储存是从非常小的摄入量开始不断积累的，有毒物质会停留在人体内所有的脂肪组织中。当这些脂肪在人体内开始储备的时候，毒性可能很快就会发作。新西兰的一本医学杂志最近刊登了一则案列。一名因为肥胖正在接受治疗的人突然出现了中毒症状。通过对他的脂肪进行检测后发现其中含有狄氏剂，这些狄氏剂在他减肥过程中被调动起来。同样的事情也会发生在因为生病而消瘦的人身上。

另一方面，毒素堆积的结果也有可能是不明显的。几年前，美国医学学会杂志严重警告人们要当心储存在脂肪组织中的杀虫剂的危害。该杂志指出，不断积累的药物和化学物质比那些不会存贮在组织中的物质需要更多的关注。它警告我们，脂肪组织不仅是储存脂肪（脂肪约占身体总重量的百分之十八），而且还有许多重要的功能，这些功能可能会被储存其中的毒素破坏。此外，脂肪在身体各处器官和组织中的分布非常广泛，甚至是细胞膜的组成部分。因此，我们要认识到，这些溶于脂肪中的杀虫剂会储存在各个细胞中，它们可以破坏人体最重要的也必不可少的氧化和产生能量的功能。这一点非常重要，我们在下一章会继续讨论。

氯化氢杀虫剂最值得人注意的一点是它们对肝脏的影响。在人体所有器官中，肝脏是最特别的。它有各种不可或缺的功能，在这一点上，是无法取代的。肝脏掌管着许多重要活动，所以哪怕它受到一点点小的伤害，都会引起严重的后果。它不但为脂肪的消化提供胆汁，还有一个特殊的循环路径在肝脏处汇合，因此，肝脏就能够直接得到消化道的血液，并且深入地参与所有主要食物的新陈代谢过程。它以糖原的身份来贮存糖分，并且按照严格控制的数量释放葡萄糖，以确保血液中糖分的含量稳定在正常水平。它制造了身体中的蛋白质，包括血浆中一些和血液凝结有关的重要元素。它在血浆中将胆固醇稳定在适当的水平，并且在雄性激素或雌性激素超过正常水平时阻止它们活动。它还是许多维生素的仓库，其中很多又会帮助肝脏保持本身的功能运行。

如果肝脏无法正常运转，那么人体就会被解除武装——面对各种各样不断入侵的毒素毫无防御。其中一些毒素是正常新陈代谢的副产品，肝脏通过去掉其中的氮元素，迅速而有效地解除它的毒性。而那些并非人体自有的毒素也可能被肝脏解除毒性。所谓“无害的”杀虫剂马拉硫磷和甲氧基氯比它们的亲戚毒性要低，只因为肝脏中有一种酶可以对其进行处理，改变它们的分子结构，从而减轻它们产生危害的能力。用同样的方式，肝脏可以处理我们接触的大部分有毒物质。

我们面对入侵毒素和内部毒素的防线现在已经被削弱了，正摇摇欲坠。受到杀虫剂损害的肝脏不但不能保护我们不受到毒素的侵害，它的各类活动还可能受到干预。由此带来的后果有着深远的影响，而且由于这些后果种类繁多且不能立即显现，使人们无法查找其出现的真正原因。

由于人们广泛使用这种能够导致肝脏中毒的杀虫剂，肝炎的急剧增多很值得人们关注。这一情况开始于 20 世纪 50 年代，并呈现波动式上升。据说肝硬化的案例也增加了。不可否认的是，要想在人身上证明原因甲导致了结果乙比在实验室的动物身上难得多，然而简单的常识表明，肝脏疾病的增多和环境中肝脏毒物的增多之间虽不直接相关，但绝非巧合。不管氯化烃类物质是不是主要原因，在这种情况下把自己暴露在已经证明能够造成肝脏损伤的毒素中，不是明智之举。因为这样会使它更加难以抵御疾病的侵袭。

这两种主要的杀虫剂类型——氯化烃和有机磷酸盐，都会对神经系统产生直接的影响，虽然方式各有不同，大量的动物实验和对人类的观察都证实了这一点。DDT 是第一种广泛使用的新型有机杀虫剂，它主要作用于人类的中枢神经系统；小脑和高级运动神经外鞘被认为是其主要供给区域。根据毒物学标准教科书的说法，暴露在一定量的DDT中之后，会出现刺痛、发热、瘙痒等异常感觉，同时会出现发抖或抽搐的症状。

我们第一次知道 DDT 急性中毒的症状是几名英国研究人员发现的，为了了解接触 DDT 的结果如何，他们专门将自己暴露在 DDT 中。英国皇家海军生理实验室的两名科学家通过直接接触含有 DDT 的墙面而让皮肤吸收 DDT，墙面上覆盖了 DDT 含量为百分之二的水溶性涂料。这些涂料上又覆盖了一层油性薄膜。从他们对自己症状的详细叙述中，可以看到 DDT 对神经系统的直接影响：“真实地感受到了困倦、疲劳以及四肢的疼痛，精神状态也非常压抑……非常容易受到刺激，对于任何工作都极不耐烦，就连最简单的思考题都无法完成，有时几种痛苦一起发作，非常难以忍受。”

还有一位英国实验者将DDT丙酮溶液涂抹在自己的皮肤上，曾说自己有沉重感，四肢疼痛，肌肉无力，并且出现了“神经极度紧张的痉挛”。他休息了整整一个假期，身体才渐渐好转，但一开始工作，情况又恶化了。然后他又卧床休息了三周，因为不断感到四肢疼痛、失眠、神经紧张和极度焦虑而异常痛苦。颤动间或地席卷他的全身——就是那些因为DDT中毒的鸟类身上非常常见的颤动。这个实验让他十周不能工作，而在同一年年底，英国一本医学杂志报道这一案例时，他还没有痊愈。（除了这一证据，美国有几位研究者在志愿者身上展开了DDT实验，他们认为志愿者抱怨头痛和“每一块骨头都疼”“显然是由于神经病症的原因”。）

现在记录在册的许多案例，其症状和整个发病过程都将杀虫剂指认为罪魁祸首。这些典型的患者有暴露在某种杀虫剂中的经历，让他们生活在没有任何杀虫剂的环境中进行治疗，其症状会渐渐减弱甚至消失；但一旦再次与这些令人讨厌的化学物质接触，病情会又一次复发。这种证据，作为对许多医学治疗的基础，已经足够了。这一证据没有理由不能起到警告作用，警告我们明明知道有危险却仍然让杀虫剂浸透我们生活的环境是多么不明智的行为。

为什么不是所有处理过或使用过杀虫剂的人都会有相同的症状呢？原因是个体敏感性的问题导致的。有证据表明女性比男性、小孩比成年人、长期在室内坐着不动的人比生活艰难或时常在户外运动的人更容易受到疾病的影响。当然除了这些差别之外，还有一些毫无规律的客观存在的差别。为什么有人会对灰尘或花粉过敏，为什么会对某种毒素过敏，或者为什么会对这种疾病容易感染而不是另一种，这些目前仍然是医学难题。然而这一问题确实存在，并且影响了大量人群。有医生估计，他们的病人中至少有1/3的人会有某种过敏症状，而这个数字还在不断增长。不幸的是，不曾过敏的人可能会突然变敏感。事实上，一些医学人士认为断断续续地暴露在化学药物中会造成这种敏感。如果这种说法是正确的，那就可以解释为什么那些出于职业原因持续暴露在化学物质中的人几乎没有中毒的反应。他们与化学药物不断地接触，使他们体内产生了某种抗体，就像医生重复给病人注射小剂量过敏原而让病人体内产生抗体一样。

研究杀虫剂中毒的问题非常复杂，因为人类不像实验室的动物那样一直生活在被严格控制的含有化学药物的环境中，他们从不曾单独暴露在某一种化学物质中。在不同类型的杀虫剂之间，杀虫剂和其他化学物质之间，都有很大的可能会进行相互作用。另外，当这些互不相干的化学物质进入土壤、水，或人体血液之后，它们不会相互隔离；有神秘的不可见的变化悄悄发生，一种杀虫剂会变成另一种杀虫剂。

虽然两种主要的杀虫剂之间的相互作用被人们否认，但这是客观存在的。如果人体事先被暴露在氯化烃中而损伤了肝脏，那么有机磷就会损害保护神经的胆碱酯酶，而其危害也会变得更强。这是因为肝功能受损后，胆碱酯酶的浓度就会降低到正常水平以下；到那时，外加的有机磷的抑制作用，可能会引发急性症状。我们已经知道，有机磷两两相遇会相互作用，使其毒性提高百倍。然而，有机磷还会和其他各类医药、人工合成物质、食物添加剂相互作用——谁又知道会不会和无处不在的人造物质相互作用呢？有这样一种推测，一种本来无毒的化学物质在与其他物质相互作用后，可能会发生巨大的变化；DDT 的近亲甲基氯氧化物就能很好地证明这一点。（事实上，甲基氯氧化物并不像人们通常认为的那样没有毒性，因为最近的动物实验研究表明它会对子宫造成危害，并且会抑制某些重要的黏液性激素发挥作用，这也再次提醒我们这些化学物质会对生物产生巨大的影响。其他研究也表明甲基氯氧化物对肾脏也有损害。）因为单独使用甲基氯氧化物时，它不会大量积累，所以说这是种安全的化学物质。然而，这也未必是正确的。如果肝脏出于某种原因受损，甲基氯氧化物就会大量积累在体内，含量高达正常含量的 100 倍，到那时，它就会像 DDT 一样对神经系统产生长期持续的影响。而只要肝脏受到一点点、微不可见的损害，都会引发这种危害。很多司空见惯的情况——使用另外一种杀虫剂，使用含有四氯化碳的洗涤液或者服用了一片所谓的镇静药——这些东西大部分（不是全部）都属于氯化烃物质，会造成肝脏损伤，引发上述情况。

神经系统受损并不仅限于急性中毒，暴露在毒素中可能产生延迟效果。甲基氯氧化物和其他化学物质都有损害大脑和神经的记录。狄氏剂除了会产生吹糠见米的后果，还有长时间的延迟的影响，比如“健忘、失眠、做噩梦甚至癫狂”。医学发现表明，六氯联苯会大量积累在大脑以及重要的肝脏组织中，同时会造成“神经系统受到神秘且长期的危害”。然而，六氯苯，化学物质的一种，却被大量地使用在喷雾器中，以雾气的形式喷洒在家庭、办公室和餐厅中。

通常被认为只会导致急性的、表现比较激烈的有机磷，也能够对神经组织产生迟发性的物理危害，而根据最近的发现，它们还会引起精神错乱。所有的案例都是因为使用了其中某一种杀虫剂之后一段时间出现了麻痹症。大约在 20 世纪 30 年代禁酒令时期，在美国发生了一件不可思议的事，或许这意味着不好的事情将要发生。这一事件并不是杀虫剂造成的，而是一种在化学上和有机磷杀虫剂属于同一类型的物质引发的。在那段时间里，一些医疗药品被征用暂时地代替了酒精，而酒精不用受到禁酒令的管束。这些物种中的其中一种是牙买加姜。因为美国的医用酒精一类的产品非常昂贵，所以私酒贩子就有了制造一种替代品的想法。他们做得非常成功，这些假冒伪劣产品通过了一系列相应的化学测试，同时欺骗了政府的化学家。为了让这种假冒的姜水有强烈的味道，他们又加入了一种称为三元甲苯基磷的化学物质。这种化学物质像马拉硫磷和其相关化学物质一样，都会毁掉保护性的胆碱酯酶。由于喝了这种假冒伪劣产品，大约有一万五千人出现了腿部肌肉永久性受损，现在将这种症状称为“姜瘫”。除了这种麻痹症状之外，还出现了神经鞘受损和脊骨索状组织的原有触角的细胞退化两种症状。

大约在二十年以后，我们会知道，其他各种有机磷也会被当作杀虫剂来使用，不久之后，和“姜瘫”类似的案例会开始出现。有这样一个病例，德国一名温室工作人员在使用了马拉硫磷之后，会偶尔出现比较温和的中毒症状，几个月后就出现了麻痹症。还有一群人，来自三个化学工厂，在暴露在和有机磷属于同类的其他杀虫剂中后，出现了急性中毒的症状。经过治疗他们康复了，但是十天后，其中两个人出现了腿部肌肉萎缩。其中一人的症状连续持续了十个月；而另一个人是一名年轻的女化学家，她的情况更加严重，不仅双腿瘫痪，手和臂也出现了麻痹症状。两年后，一本医学杂志对她的案例进行了报道，那时她仍然不能工作。

这些案例中的杀虫剂已经撤出了市场，但是目前仍在使用的一些杀虫剂可能会有类似的危害。园艺工人最爱的马拉硫磷在对小鸡的实验中引发了严重的肌肉萎缩症状，坐骨神经鞘和脊骨神经鞘受损引发了这一症状（和“姜瘫”一样）。

有机磷酸盐中毒的患者，即使有幸存活下来，可能还会出现恶化。鉴于它们对神经系统造成的严重影响，这些杀虫剂最后肯定会导致精神疾病。近日，麦尔保大学和在麦尔保亨利王子医院的研究人员也证实了这一观点，他们对 16 种精神疾病案例进行了报道。这些案例中的所有患者都曾有长期暴露于有机磷杀虫剂中的历史。其中，三人是检查喷药效果的科学家，八人在温室中工作，还有五人是农场工人。他们的症状包括记忆衰退、痴呆症提前发作和抑郁症等。在被这些化学药物倒打一耙并击倒之前，他们都曾在医院检查并有正常的体检记录。

据我们所知，与之类似的事件被广泛地在这种医药文献中报道，有的涉及氯化烃类物质，有的与有机磷有关。错乱、幻觉、健忘、狂躁——为了暂时消灭几种昆虫，而不得不付出的沉重的代价；而只要我们继续使用这些会直接攻击我们神经系统的化学药物，那我们就要继续付出这一代价。

透过那扇小窗

生物学家乔治·渥特曾经将他在一个非常专业的领域——“眼睛的视觉色素”中所做的工作比作是“一扇小小的窗户”，从远处向窗外看，人们常常只能看见一丝光亮；而当离窗户越来越近时，人们看到的景色越来越多，直到最后，透过这扇小窗户，人们可以看到整个世界。

同理，我们应该先集中全部精力，先观察体内的各个细胞，再观察细胞内的精妙结构，最后观察这些结构中各个分子做出的基本反应，只有这样做时，我们才能明白入侵我们内部环境的外来化学物质会造成多么严重深远的影响。

医学研究最近才涉及单个细胞制造能量的功能，这种能量对于生命来说是不可或缺的。人体内能量制造机制不仅是健康的基础，更是生命的基础。它的重要性甚至超过了最重要的器官，因为如果不能进行氧化作用，有效的产能能量，身体内的任何机能都不能运行。然而，许多用于消灭昆虫、啮齿动物和野草的化学药物都能直接破坏氧化功能，打乱这一系统的奇妙作用机制。

让我们认识细胞氧化作用的研究是生物学和生物化学历史上最伟大最令人难忘的成就之一。为这项工作做出贡献的人员中包括许多诺贝尔奖获得者。在长达四分之一世纪的时间里，人们以早期的发现作为基石，一步一步地不断完成了这样工作。但还有很多细节未完善。直到最近十年，所有的研究碎片才完整地拼凑在一起，这样才使生物氧化作用作为常识被生物学家所知悉。但更重要的一点是，接受医学培训的医学人员在1950年之前很少有机会能够了解到生物氧化作用的重要性以及破坏这一过程引起的严重后果。

制造能量并不是由某个器官单独完成的，而是由身体内的每个细胞完成的。活的细胞就像一团火焰，以燃烧燃料来制造生命赖以生存的能量。这个比喻虽然诗意但不够精确，因为人体正常温度就能为细胞提供它“燃烧”所需要的能量。而正是这数千万温柔燃烧的小火焰制造出了生命的能量。如果它们停止燃烧，那么“心脏就无法跳动，植物就无法克服地心引力向上生长，变形虫无法游泳，感觉再也不能通过神经传递，人类的大脑再也没有任何的灵感”——化学家尤金·拉宾诺维奇曾经这样说。物质向能量转化的过程在细胞中不断流动，这是自然界更新的一种循环，就像轮子一样不停地转动着。碳水化合物以葡萄糖的形式作为燃料一粒接着一粒、一个细胞接着一个地不断填充着这个轮子；在这个循环过程中，这些燃料分子被打散，并经历了一系列细小的变化。这些变化有序地进行着，一步接一步，每一步都由一种具有专门作用的酶引导和控制，这种酶只专一地做这一件事而不管其他任何。每一步都有能量产生，同时会排出废物（二氧化碳和水），经过变化了的燃料继续传递到下一阶段。当这个轮子完成一个循环的转动时，燃料分子被完全分解，然后与新进入的分子结合，开始新一轮的循环。

这个过程可以称作是生物界的奇迹之一。在这个过程中，细胞像化学工厂一样，而其中发挥作用的每一部分都非常微小。细胞本身就是极小的，只有通过显微镜才可以看到，这更增添了它的传奇色彩。然而更精妙的在于，氧化作用的大部分过程是在被称为线粒体的一个非常小的空间里完成的。尽管 60 多年前人们就已经知道这种线粒体的存在，但过去一直被认为是细胞组成成分，作用未知，或许也不重要。直到 20 世纪 50 年代，对于它们的研究才收获了激动人心的成果；它们突然受到了极大的关注，五年时间，仅仅是这一领域就撰写了 1000 篇文章。

人们揭露了线粒体的奥秘，再一次展现了人类的无限遐思和坚持不懈的毅力。试想一下，这种颗粒如此微小，即使放在 300 倍的显微镜下，也只勉强看到。但是现在，有一种技术，能将它们分离、解剖并单独取出来，分析它的组成成分，确定它们极其复杂的功能。这简直不可思议。然而在电子显微镜和生物化学家高超技术的帮助下，这一切都可以实现。

现在我们知道，线粒体是一小包各种不同的酶，其中包括氧化作用循环所需要的酶，这些酶按照顺序被精准地排列在细胞壁和细胞间隔上。线粒体是“能量站”，大多数产生能量的反应都在这里发生。氧化作用的最初几步是在细胞质中完成的，然后燃料分子就被传送到了线粒体中。氧化作用在这里完成，大量的能量在这里被释放出去。

如果不是这至关重要的结果，线粒体中氧化作用不断转动的轮子就没有什么意义了。氧化循环的每一个阶段中所制造的能量被生物化学家称为 ATP（三磷酸腺苷），是一种含有三个磷酸盐的分子。ATP 在能量制造过程中的作用在于它可以将其中一个磷酸盐转换成另一种物质，在这个过程中电子来回穿梭，产生了能量。因此在肌肉细胞里，当终端磷酸盐被传输到收缩的肌肉里时，就产生了收缩的能量。这样就出现了另外一个循环——循环中的循环：ATP 释放其中一个磷酸盐，只保留两个，变成了二磷酸盐 ADP；随着车轮继续转动，另一个磷酸盐又会被结合进来，于是又恢复了强有力的 ATP。这就像蓄电池一样，ATP 代表充电电池，ADP 代表放电电池。

ATP 是所有生物都有的能量传递者，从细菌到人类，在任何组织中都能发现它的踪影。它为肌肉细胞提供机械能，为神经细胞提供电能。精子细胞、即将进入剧烈活动来形成青蛙小鸟或婴孩的受精卵、分泌激素的细胞等都需要 ATP 来提供能量。ATP 的能量中有一部分被线粒体使用，但大部分会立即进入细胞中，为其他各项活动提供能量。某些细胞中线粒体的位置对它们的功能发挥非常有利，因为它们的位置能准确地把能量传输到需要的地方。在肌肉细胞中，它们簇拥在收缩肌肉纤维附近；在神经细胞中，它们位于和其他细胞的结合点，为脉冲的传递提供能量；在精子细胞中，它们集中在尾部和头部连接的地方。

电池的充电过程，也就是 ADP 还原成 ATP 的过程，和氧化过程相结合，这一紧密的结合被称为偶合磷酸化作用。如果这一结合没有了，那么就无法提供有用的能量，呼吸作用仍在继续，但无法产生能量，细胞就像一个空转的马达，发热却没有动力。这时肌肉就无法收缩，脉冲也无法通过神经传递；精子无法到达终点，受精卵也无法完成它的复杂分化和苦心经营。对于所有机体来说，无论是胚胎还是人类，解耦的结果都是灾难性的，它会造成组织甚至整个有机体的死亡。

解耦是如何发生的呢？辐射是一种解耦剂。而有人认为，暴露在辐射中的细胞的死亡就是通过这种方式发生的。不幸的是，许多化学物质都有破坏氧化作用产生能量的能力，而杀虫剂和除草剂则是其中之最。我们已经知道，苯酚会对新陈代谢产生强烈的影响，它可能引起体温上升，而出现致命的危险；这就是由解耦造成了空转的马达的后果。二硝基苯酚和五氯苯酚就是被广泛作为除草剂使用的例子。在除草剂中，另一个解耦剂是 2·4-D。在氯化烃类中，DDT 已经被认证为解耦剂，而接下来的研究就可能会发现还有其他的同类物质。

然而解耦剂并不是唯一扑灭千百万个细胞中小火苗的物质。如我们所知，氧化作用的每一步都由一种特定的酶引导和促进。这些酶——哪怕只是其中一种被破坏或者被削弱了，细胞内的氧化循环都会受到阻碍。无论哪种酶受到阻碍，结果都是一样的。氧化过程的循环就像是转动的轮子，如果我们在轮子的辐条中插入一根铁棍，不管插在哪个部位，其结果都是一样的，轮子会停止转动。同理，如果我们破坏了其中一种酶，无论它在循环中起什么作用，氧化作用都会停止。这样就无法继续产生能量，最后导致的结果和解耦非常相似。

平常任何作为杀虫剂的化学物质就像撬轮子的铁棍一样，破坏氧化作用。DDT、甲氧氯、马拉硫磷、吩噻嗪和各种各样的二硝基化合物的杀虫剂都被发现会抑制氧化作用循环中的一种或多种酶。这样，它们就可以阻碍产生能量的整个过程，使细胞中没有可用的氧气。这种损伤会造成极其严重的后果，在这里提到的只是少数。

实验人员静静通过系统阻碍氧气的进入，就把正常细胞转变成了癌细胞，我们将在下一章谈到这一点。对于动物正在发育的胚胎进行的实验也表明，剥夺细胞的氧气会带来其他强烈的后果。没有足够的氧气，细胞生长和器官发育的有序过程就会被干扰；同时也会出现畸形和其他异常情况。因此，如果人类胚胎在缺少氧气的情况下也可能出现先天畸形。

有迹象表明，这类灾难有上升的趋势，被人们所关注，虽然很少有人研究发现其中的原因。当时还有一个更加令人不悦的预兆，人口统计办公室于 1961 年就先天性畸形的问题在全国进行了专门的统计，并解释说，统计结果可以就先天性畸形的发病率和他们出现的原因提供必要的事实。这类研究显然会将大部分矛头指向辐射带来的危害，但一定不能忽视有许多化学物质会造成辐射一样的后果。人口统计办公室进行了无情的预测：遍布于我们外部和内部环境中的化学物质 定会引起未来儿童的各类缺陷和畸形。

情况很有可能是，生殖作用衰退的一些情况很可能和生物氧化作用受阻并导致 ATP 的消耗有关，而 ATP 是人类非常重要的蓄电池。卵子在受精之前，也需要 ATP 的大量提供，为之后要付出的巨大努力做好准备，一旦精子进入卵子完成受精，就需要消耗巨大的能量。而精子细胞能否抵达并穿透卵细胞则取决于 ATP 是否为其本身提供了足够的能量，这些 ATP 产生于聚集在细胞颈部的线粒体中。受精作用一旦完成，就开始出现细胞分裂，ATP 的能量供应将对胚胎的发育成形过程起决定性作用。胚胎学家对于最易获得的青蛙卵和海胆卵进行了研究，发现如果 ATP 的含量降到了关键值以下，受精卵的分裂就会停止，不久后就会死去。

从胚胎实验室到苹果树之间并非毫无关系，苹果树上的知更鸟守着一窝蓝绿色的鸟蛋，但这些蛋冷冰冰地躺在那里，燃烧了几天的生命之火现在已经熄灭了。佛罗里达的松树也一样，树顶上的一大堆细枝和木棍整齐堆成的鸟窝里盛着三个大白蛋，冰冷没有生机。为什么孵不出知更鸟和鹰呢？这些鸟蛋是不是和实验室里的青蛙一样，它们停止发育仅仅因为缺少足够的能量传递者——ATP 分子——而未完成发育过程呢？而之所以缺乏 ATP 是否因为父母的体内和鸟蛋中储存了过量的杀虫剂，使得氧化作用的轮子无法转动，因此无法供应能量了呢？

没必要猜测鸟蛋中储存了多少杀虫剂，它们和哺乳动物的卵细胞相比，更加容易被观察到。无论是在实验室还是在野外，只要鸟儿曾经暴露在这些化学物质中，在它们体内都能发现大量的 DDT 以及其他烃类残留，而且浓度非常高。加利福尼亚的一次实验发现，野鸡蛋中 DDT 的浓度高达百万分之三百四十九。在密歇根州，检查被 DDT 毒死的知更鸟，从其输卵管中取出的卵子中 DDT 的浓度高达百万分之二百。还有一些因为鸟妈妈被毒药困住了而无人照料的知更鸟窝中的鸟蛋也含有 DDT。因为周围农场使用狄氏剂而中毒的鸡把化学物质传递到了蛋中——在其饮食中加入 DDT 的实验，母鸡产下的蛋中，DDT 的含量高达百万分之六十五。

既然 DDT 和其他（或许全部）氯化烃物质可以通过抑制某种酶的活性或通过解耦的方式破坏产生能量的循环，我们很难想象，任何一个含有药物残留的蛋如何能够完成其复杂的发育过程：无数次的细胞分裂——组织和器官的发育——合成重要物质并最终创造新的生命。所有的活动都需要大量的能量——

新陈代谢不断循环就可以产生这一小包一小包的 ATP。

没有理由认为这些灾难性时刻仅仅局限于鸟类，ATP 是通用的能量传递着，而产生 ATP 的新陈代谢循环在鸟类和细菌中、人类和老鼠中都是一样的。所以任何生殖细胞中储存有杀虫剂的事实都应该让我们感到不安，因为它们在人类身上也有同样的作用。

当化学物质进入了生殖细胞中存留，也就意味着会在产生生殖细胞的组织中存留。在许多鸟类和哺乳动物的生殖器官中发现了杀虫剂的积累——不管是在实验室中的鸡、老鼠和豚鼠，还是在为治理榆树喷洒农药的地方的知更鸟，或者是在为治理扒针树花蕾蠕虫而喷药的西部地区中的鹿。其中一只知更鸟的睾丸内 DDT 的浓度比身体其他部位都要高；野鸡睾丸中积累的 DDT 浓度高达百万分之一千五百。

或许正是因为性器官中积累了大量的 DDT，实验中的哺乳动物出现了睾丸萎缩的现象。暴露在氧氯中的小老鼠睾丸极其小。小公鸡被喂了 DDT 之后，睾丸只有平常大小的百分之十八，而需要睾丸激素才能发育的鸡冠和鸡脯，也只有正常大小的三分之一。

精子本身也因为 ATP 的不在而受到明显的影响。实验表明公牛精子的活性会因为二硝基苯酚而下降，二硝基苯酚也会扰乱耦合机制从而不可避免地产生能量损失。如果对其他化学物质进行检查的话，很可能也是同样的结果。一些医学报告称喷洒 DDT 的飞行员中有少精液症（分泌精子能力下降）的情况，说明在人类身上也可能有同样的结果。

人类是一个整体，所以先天遗传物质比个体生命更加珍贵，它是我们过去和未来的一个连接枢纽。长期的进化和演变，人类的基因造就了我们的样子，而且那些微小的形体还控制着我们未来的福祸。目前，我们时代的威胁却是人为引发的危害，对于人类文明而言，这是最大也是最后的危险了。

化学药物和放射作用之间实在是很相似。放射性攻击损害了活体细胞，导致它不能正常分裂，也影响了它的染色体结构，从而导致遗传物质发生突变，使得细胞后代身上有特殊的症状。如果细胞敏感就会立刻被杀死，反之则会随着时间推移成为恶性细胞。

很多类似放射性的化学物质的实验中，发现了这些放射性作用才会产生的危害。农药、除草剂等化学物质都属于其中，它们也可以破坏染色体，影响细胞的正常分裂，甚至引发基因突变。那些被农药影响的个体生物，会因此而生病，繁殖能力受损。

几十年前，原子没被分离开，化学家也还没有孕育出类似放射作用的化学物质，所以那时候没有人知道放射性到底有什么作用，也不清楚化学物质的作用。得克萨斯大学动物学教授 H. J. 穆勒博士，在 1927 年的时候发现暴露在 X- 射线下的有机体，后代中有了变化。慢慢地，医学和科学界新的领域被打开。教授因为这些成就获得了诺贝尔医学奖金。如今，科学家也清楚放射性的危害了。

40 年代初期还有个发现一同出现，只是鲜有人注意到。爱丁堡大学，卡路特•奥伯契和威廉•罗伯逊，在研究芥子气时发现，这种化学物质会导致染色体的永久性变态，和放射性的作用一模一样。把它用于果蝇做实验，结果果蝇基因突变，由此发现了第一种化学致变物质。

如今，很多化学物质都和芥子气一样，可以改变动植物的遗传物质。要想了解化学物质到底为什么会有改变遗传物质的功能，首先要去了解清楚，生命还是活细胞阶段时期一些基础的演变状况。组成体内组织和器官的细胞，其增殖能力的大小，关系着身体生长和生命的代代相传。这是借由细胞有丝分裂或核分化而形成的。但一个细胞准备分裂时，如果要有变化，最先改变的是细胞核，最后才蔓延到细胞整体。染色体在细胞核内移动分裂，重新排列成原始的样式，以便基因可以传递给子代细胞。因此每个新细胞都有一套完整的染色体，遗传信息密码也在其中。生物的种属完整性，通过这样的方式得以保留——龙生龙，凤生凤。

胚胎细胞形成的过程里，有一个特殊的细胞分裂。一定种类的生物，其染色体是个常数，所以一般而言，结合而成的新个体——卵子和精子，都只能携带一般染色体进入新结合体。染色体的行为变化有效地帮助它们完成这一过程，而染色体的变化是在新细胞分裂作用时期就产生了。此时的染色体，是每对染色体中，分离一个出来完整地进入子体细胞，它们自身并不分裂。

一个细胞诠释了整个生命的发展关键。地球上，无论人还是虫，形体大还是小的生物，所有的细胞分裂过程都是相同的。没有细胞分裂过程也就没有这种生物的存在可能。所以只要是妨碍了细胞分裂，那么有机体想要繁殖后代会很困难。

乔治·盖劳德·西蒙森和同事彼谭德莱、蒂范尼，一同编写了《生命》一书，里面写道：“细胞组织的一些特性，例如有丝分裂，它们已经存在于世间 5 亿年，或者是 10 亿年之久了。以此看来，生命世界虽说很脆弱复杂，可时间上来讲，却比山脉还要经久不衰。遗传信息很精准地代代相传，这种不可思议的精确性创造了生命的经久性。”

20 世纪中期，因为人造放射性、人造及人类散布的化学物质，给这种精确性带来了重大的打击，千百万年间最巨大的威胁。麦克华伦·勃乃特先生，是个卓越的澳大利亚医生，还曾经获得诺贝尔奖，他认为，上述的情况，是我们时代最有意义的医学特征之一。生命不曾检验过的化学药物的副产品，却成为有效的治病手段，它频繁地突破了人体的保护屏障——曾经保护人体内部器官不被改变其因素，不受危害的屏障。

人类对染色体的研究还是初期，所以直到近期，才有研究环境对染色体的影响的可能性。1956 年新技术的出现，人类才可以准确地判定，细胞中染色体的数目是 46，并且让人类有可能细致地观察这些染色体，可以检查全部或部分染色体的存在与否。环境里的一些因素，使得遗传物质遭受侵害，这是个相对新的概念，所以除了那些遗传学家，鲜有人理解这些，也就少有人支持遗传学家的观点。现在，各种形式出现的放射性危害，已经让人们充分地理解且相信了这一点，即便有些场合下还是会被否认。很多政府部门的政策制定者和医学专业人员，都拒绝接受遗产原则，这让穆勒博士感到惋惜。几乎没有公众知道，化学物质有和放射性一样的作用，就连医生工作者和科学工作者也有很多人都不知晓。因此，一般而言，我们运用的化学物质没有得到评价，可评价它们恰恰又是重要的。

麦克华伦先生，并不是唯一对这种潜在危害做出评估的人。

权威皮特·亚历山大博士，是英国杰出的权威专家，他曾经说，那些化学物质，和放射性有同样的作用，不过其危害却更强大。穆勒博士研究了基因很多年，经验之谈让他提出警告：“各类化学物质可以让基因突变的频率不低于放射性引发的情况。人们暴露在这些化学物质之下，基因遭受着侵害，且致变物的影响已经达到了一定程度，而我们却对这个程度茫然无知。”

最初，人们发现化学致变物只是因为学术上的兴趣使然，也许正因如此，才忽略了它的问题。氮芥子气只存在于实验室里，并没有被洒向人群，科学家将其用在癌症治疗上，可是除草剂和杀虫剂却和人类有亲密接触。

倘若我们可以重视这个问题一点，一定能够有足够的农药资料做研究，也会发现农药会用很多种方式，去破坏细胞的重要过程，即损害微小的染色体，再到引发基因突变，也会发现可能引发的灾难后果。蚊子中，几代都暴露在DDT之下，深受影响的，已经基因突变为半雌半雄，也就是雌雄同体的奇怪生物。

因为苯酚的缘故，植物的染色体被破坏，基因也发生了改变，引发很多不可回转的遗传改变。遗传学中，常常用果蝇作为实验对象，当苯酚被喷洒在果蝇身上时，它们的基因也发生了改变，和那些暴露在除草剂中的生物一样，有着致死的效果。尿烷属于氨基甲酸酯类化学物质，这类化学物质，正逐渐变为杀虫剂和农药。事实上，有两种氨基甲酸酯被用于控制马铃薯发芽，准确地说，我们已经证实了，它们阻止了马铃薯的细胞分裂作用。马来酰肼这种致变物是其中之一，作用效果大概很强大。

植物如果被喷洒过六氯联苯（BHC）或高丙体六六六，那么其根部就会像肿瘤一般，凸起一块，形状会很怪异。因为染色体数目倍增，所以它们的细胞体积变大。未来，细胞的分裂中，染色体倍增现象还会一直持续，除非体积过于庞大而导致细胞分裂不得不停止。

2·4-D这种除草剂，也可以让植物生成肿块，染色体变短变厚，聚集在一起，阻止细胞分类，总体的影响成果和反射性的作用很相似。这只是其中的一些说明例子，还有很多类似的案例。如今，检验农药致变作用的研究，还没有展开。之前引用的例证，全部是细胞生理学、遗传学研究当中的附加产品，我们急切地想要去直接研究这个问题了。

一些科学家承认环境放射性对人体有潜在危险，可是却对致变性的化学物质能否产生同样效果存有疑虑。他们引证很多放射性对人体的作用事实，却质疑化学物质不一定会进入胚胎细胞。对人体内的问题，我们的证据很少，正是这样阻碍了我们。可是，我们在鸟类和哺乳动物的生殖器官，以及胚胎细胞里，已经发现了大量DDT。这就是个证据，最起码它可以证明，氯化烃在生物体内不仅分布广泛，还接触了遗传物质。D.E. 戴维斯，是宾夕法尼亚州立大学的教授，最近他发现那些可以组织细胞分裂作用，并且能够用于癌症治疗的强烈化学药物，同时也可能导致鸟类不育。这种化学药物就算不致死，也会中止生殖器官中的细胞分裂。教授成功进行了野外实验，可是明显没有理由让人们去相信，生物的生殖器官可以抵抗化学物质的伤害。

最近，让人很有兴趣且颇具价值的医学发现，在于染色体变态领域的研究。1959年，英国和法国的研究小组，分别独立进行试验，却得出了相同的结论：染色体的正常数目被破坏，导致了人类一些疾病的发生。他们研究的疾病和变态中，染色体的数目和正常值都是相异的。这也就解释了，为何已知的蒙吉型畸形病人会有多余的染色体。在一般情况下，这条多余的染色体是独立存在的，虽然也会有附着在其他染色体上的情况。因此，他们染色体的数目是 47 个，而他们的这种缺陷，源自上一代。

如此一来，那些有慢性白血球增多症的病人，还有其他的机制在起作用。一些血液细胞中有同样的染色体变态，其中包含着部分残缺；病人的皮肤细胞里染色体的数目正常。这样的结果证明：染色体的残缺发生在那些特定细胞里，而非生物体的胚胎细胞，这种危害性，在生物体本身生活过程中就发生了的。缺失一个染色体，就可能导致无法行使正常命令。

于是，在这种情况下，不孕症时有发生，并伴随着身长超标和精神缺陷的现象。与之相反的是，雌性生物仅仅只能得到一个性染色体（即为 XO 型，而非 XX 型或 XY 型），因此缺少第二性征。自从新领域被开拓后，身体缺陷中和染色的破坏有关的，其种类和数量都在快速增长，已经不属于医学范畴内了。目前我们所知的就是，性染色体的倍增导致克兰弗特病并发症。原本雌性的染色体是 XY，而产生这种病的雌性染色体是 XX，所以也就不正常了。这种情况时常会发生生理缺陷，原因自然是 X 染色体的各种基因特征，也就是反转并发症。其实医学文献里早已经描述过这些病症，然而现在才被揭晓。

很多国家工作者已经研究完了和染色体变态有关的课题。哥劳斯·伯托博士曾带着威斯康星州大学的研究组，研究各种先天性的变态情况，包括智力发育迟缓等。似乎这个问题是因出于染色体倍增的原因。大概就是胚胎细胞形成之际，一条染色体被打碎却没有得到适当的调配，造成了胎儿的不正常发育。

就我们目前所掌握的知识得知：多余的染色体的出现会阻碍胎儿的生长，形成致命的伤害。这种情况下的胎儿，只有在以下三种方式下才能存活：第一当然是蒙古型畸形病，此外，多于染色体的碎片存在于人体内，可不一定会致命。威斯康星州的研究者认为，这样的情形正好解释了目前很多无法查清楚病因的案例，也就是新生儿常会有智力发育迟缓等复合型缺陷。

迄今为止，科学家不追问原因，只是关心疾病和缺陷发育有关的染色体变态的鉴定，原因是研究工作的新目标。我们假设，细胞分裂的过程里，染色体的损伤是由某一个单因素决定，这样的假定是不妥善的。可是，我们无法忽视一个现实：化学物质充斥着我们的环境，强烈地损害染色体，还精准地影响着它，导致了前面所说的情况。我们为了得到没有蚊子的院落或者一个不发芽的土豆，付出这样昂贵的代价，是否太不值得了？

对于基因天性的威胁，只要我们愿意，就可以减少。这种基因在 20 亿年的活原生质进化和选择后，才进入人体，目前也是暂时性地属于我们，未来是我们后代的。然而现在，我们却无法保证基因的完整性。那些创造了化学物质的人，虽说依照法律的规定，进行了产品毒性的检查，可是法律里没有规定说，需要检查化学物质对于基因的影响。因此事实上，他们也没有做过这种事。

四分之一的概率

长久以来，生物都一直在和癌症做斗争，不过我们并不确定这种斗争是从什么时候开始的，只知道最初的诱因来自自然界。不管在自然界中生活着何种生物，地球都会持续遭受来自外界的影响，比如太阳风暴和自身残余的原始环境等，而这些影响自然有好也有坏。在这样的情况下，某些因素引发了灾难，有的生命就此消失，有的生命存活下来并逐渐适应。譬如，太阳的紫外线会导致恶性病变；某些种类的岩石具有放射性；在淋溶作用下，从土壤和岩石里流失出来的砷，会造成水质污染和食物污染。

这些不利因素早在生命出现之前就已存在，并在生命出现之后的几百万年里，愈发庞大起来，不仅种类越来越多，数量也越来越多。在此之后，历经漫长的进化，生命逐渐适应了这些不利因素，在物种选择中，具有抵抗能力的生命存活了下来。直到现在，这些来自自然界的致癌因素仍然会导致恶性病变，但这类物质的数量已经非常少了，因为生命已经不再惧怕它们那种原始的诱发作用。

人类的出现让情况有所改变。人类生命和其他生命有所不同，我们制造了诸多会引发癌症的物质，在医学上，这类物质叫作“致癌物”。几百年来，人造致癌物已经侵袭了自然界，比如我们所熟知的含有“芳烃”的烟尘。我们造就了工业时代，加速了世界的持续发展和变化。人造环境正在快速取代自然环境，然而人造环境却饱含各种化学物质和物理因素，在生物学上，其中一些因素会极大地刺激生命体的变化。时至今日，人类尚无法保全自身，彻底规避这些人造致癌物的“袭击”，因为人类的生物学进化过程是极其缓慢的，依靠的是遗传机制，因此很难快速应对新情况。如此一来，人体的防御功能在致癌物面前便极其脆弱了。

癌症并不是近来才出现的病症，只是人类对它的缘起尚无准确认知，而探索的脚步也异常缓慢。在两百多年前，伦敦医生波斯渥尔·波特第一次发现，外部因素，或者说环境因素可能致癌。他在 1775 年时宣布，阴囊癌之所以在扫烟囱的工人中普遍发生，是因为他们的身体里积下了大量煤烟物质。在今天看来，那时候他的科学依据并不确凿，不过近代的医学研究证明他是对的，人们从煤烟中分离出了致癌的化学物质。

波特医生称，在人类居住的外部环境中存在一类化学物质，能够通过呼吸、食物或者反复的肌肤接触而引发癌症。在此之后的一百多年间，我们在这方面的新发现少之又少。尽管人们已经关注到许多事实，譬如，在威尔士和康涅尔的炼铜厂和锡造厂里，工人们普遍患上了皮肤癌，而他们成年累月地暴露在砷蒸汽之中；在赛克索尼的钴矿和波西米亚的乔其尔塞尔铀矿中，工人们几乎都患上了肺癌。这些现象原本只出现在矿区，然而随着工业生产逐渐规模化，这些致癌物迅速地进入了环境，侵袭了所有的生命体。

从 19 世纪后半叶，准确地说是最后 25 年间，人们开始真正了解引发自工业制造的恶性病变。在那个时期，巴斯德发现微生物可以诱发诸多传染性疾病，与此同时，人们也正在研究癌症的化学病理。他们发现，因为职业的关系，在撒克逊开采褐煤的工人，以及在苏格兰开采页岩的工人不得不长期和柏油、沥青等物质接触，并由此患上皮肤癌等恶性疾病。到了19世纪末，被人们发现的工业致癌物已达6种，而在20世纪，又有无数新的化学致癌物“应运而生”，潜伏在我们的生活中。距离波特医生的发现不到两百年，人类的生存环境已经今非昔比。和职业无关的危险化学物质已经遍布各处，就连孩子，甚至是胎儿都不放过。换句话说，癌症频发的现象已经“不足为奇”了。

这类恶性疾病越来越多，已成为不争的事实。1959年7月，人口统计办在月报中公布了恶性疾病的增长情况，其中包括淋巴系统癌变和造血系统癌变的情况；在1958年，癌症死亡率为百分之十五，而在1900年的时候，死亡率还只有百分之四。在分析了目前的癌症发病率后，美国的癌症协会给出了一组数字：在美国，将有4500万人会患上癌症。换句话说，平均每三组家庭中，就会有两个人难逃此劫。

更令人震惊的是，这类疾病日趋低龄化。在25年前的医学界，儿童身患癌症的情况是极少见的。而现在，就美国而言，学龄儿童死于癌症的情况越来越多，在数量上已经超过了其他疾病。在1到14岁的死亡儿童中，有百分之十二是死于癌症，而在临床上，有大量5岁以下儿童被查出恶性肿瘤。面对如此严峻的形势，美国在波士顿建立起全球第一所专治儿童癌症的医院。在环境癌症方面，就职于美国癌症研究所的W.C.惠帕是最早的权威专家之一。在他看来，如果母亲在孕期接触到致癌物质，那么孩子将有可能患上先天性癌症，因为致癌物质会侵入胎盘，并对生长发育中的胎儿造成巨大影响。通过实验，人们发现，生物受到致癌物威胁的年龄越小，越容易患上癌症。佛罗里达大学的弗兰西斯·雷告诫人们："如今我们在食物中添加了各种化学物质，我们的孩子们很可能因此而遭遇癌症……很难想象，在一两代人之后，人类将面对何种恶果。"

于是，我们不得不面对这样一个问题：在尝试着主导自然环境时，人们采用了化学物质，那么，在这些化学物质中，到底有哪些会直接引发癌症，又有哪些会间接引发癌症？通过动物实验，我们发现，有五到六种农药必然会被评定为致癌物。有部分医生还认为，那些导致人体白血球增多的化学物质也是致癌的，如果加上这一标准，那么致癌物的范围就更大了。当然，这些结论都是推测的，因为我们无法做人体实验，但这已经很令人触目惊心了。除此以外，还有很多化学物质会间接导致身体组织或细胞癌变，假如把它们也囊括在内的话，那么这个清单就又会多许多。

说起会致癌的农药，使用历史最久的一种应该是砷，最早的时候它被用作除草剂，其形式是砷酸钠。就人类和动物来说，砷会致癌，这在很早之前就已得到证实。惠帕医生在其著作《职业性肿瘤》中曾提到一个"奇怪"事例。雷钦斯坦城位于西里西亚境内，在此前的一千多年里，人们一直在那里开采金银，后来还开始挖掘砷矿。几百年来，大量废弃物积满了矿区，而这些废弃物中都含有砷。山间溪流从这里经过，带走了废弃物中的砷，从而污染了地下水，又进而污染了饮用水。在这段时期内，当地居民有很多都患上了所谓的"雷钦斯坦病"，也就是慢性砷中毒，他们的肝脏、皮肤、消化系统以及神经系统都出现了紊乱。与此同时，恶性肿瘤也伴随着发生了。时至今日，雷钦斯坦病已经成为历史，不再具有时代意义。从 25 年前开始，当地换了新的水源，大部分的砷都已经被清除。此外，因为地下岩层富含砷，阿根廷考多巴省的饮用水也受到污染，因此在那里的人们很容易患上慢性砷中毒，并由此引发皮肤癌。

雷钦斯坦和考巴多的困境很容易被“复制”，比如长期使用含砷的杀虫剂。在美国西北部的烟草种植区和果园，还有美国东部的越橘种植区都受到砷污染，这些地区的土壤被砷浸透，并进一步渗入了饮用水。

如果环境受到砷的污染，影响的不仅是人类，动物也会遭殃。在 1936 年，德国曾发布过一个颇有意思的报道。位于撒克逊地区弗雷贝格附近的炼银厂和炼铅厂所排出的气体内含有砷，这种气体被排入空气后四散飘浮，笼罩了四周的村庄，飘落植物身上。W.C. 惠帕说，无论是马匹、奶牛，还是猪或别的什么动物，吃了这种植物之后就出现了脱毛、皮质增厚等症状；在周围森林里的鹿等动物身上，也发现了非正常斑纹，以及癌症初期的庞肿症状。可以说，一个庞肿就预示着一处癌变。无论是人工饲养的动物，还是野生动物，都遭受了砷的侵害，患上肠炎、胃溃疡以及肝硬化等疾病。在冶炼厂周围采食的羊群中，有的绵羊患上了鼻窦癌，在死去的羊身上，人们发现了砷，潜藏在它们的脑部和肝部的肿瘤中。在那里，还出现了很多“普遍现象”，譬如，蜜蜂等昆虫大批死亡；溪流和池塘中的鱼类也大量死亡，因为雨水将植物枝叶上的污染物冲刷下来后流向了附近水域。

在新型有机农药中，有一种致癌物被广泛使用——人们用它来除螨和除虱子。而这种化学物质的使用让我们看到了这样一个事实：虽然法律的意义是保护人民，但在此类中毒事件上的诉讼和审理进程却异常缓慢，于是，在明确最终判决之前，人们依然无法在生活中彻底摆脱某种“众所周知”的致癌物。当然，换个角度来说，这个过程也颇为奇特，我们从中可以看到，有些被人们普遍接受的事情，前一秒还“很安全”，后一秒就成了“致命危机”。

这种化学物质于1955年进入了美国市场，制造商还特意“创造”出所谓的允许值，也就是“粮食作物中化学物质的残留标准”。按照法律规定，制造商自然也提交了相关的实验数据，当然，他的实验对象是动物。不过，食品与药物管理部门的专家一致认为，这些实验数据恰好证明了这种化学物质有可能致癌，于是，专家设定出“零允许值”，要求“在跨洲际运输的食品中，不得含有任何化学残留毒素”。后来，制造商上诉，专家意见被要求重新审核。最后，管理部门提出了折中方案：首先，允许值设定为百万分之一；第二，产品投入市场两年内，必须进行跟踪调查和实验，并确定其是否为致癌物。

管理部门做出了妥协，这意味着民众成了“实验品”，就像小白鼠一样被迫去验证致癌物的危害性。然而，结论很快就明确了，在两年后的1957年，这种除螨药剂被证实为致癌物，被它污染过的食品都残留着毒素。尽管如此，这种致癌物依然在允许值的“保护”下横行于世，因为食品与药物管理部门无法即时将其废除。此后，繁杂的法律流程又持续了一年，直到1958年的12月，“零允许值”的标准才得以正式出台。

除了上述致癌物之外，我们在动物实验中发现，DDT（有机氯类杀虫剂）会诱发肝部肿瘤，这一现象十分可疑。食品与药物管理部门的专家曾经发布过相关报告，尽管当时他们并没能对这些肿瘤做出准确判定，但他们认为“可以将其视为初期肝细胞恶性肿瘤”。现在，惠帕已经明确提出，DDT 就是化学致癌物。

IPC 和 CIPC 都属于氨基甲酸酯类的除草剂，我们已经知道，它们会让老鼠的皮肤生出肿瘤，其中不乏恶性肿瘤。这些化学物质可能引起了恶性病变，后来，环境中的其他化学物质又促使病情进一步恶化，最终致癌。

通过实验我们还看到，含有氨基三唑的除草剂会让动物患上甲状腺癌。在 1959 年的时候，氨基三唑被滥用在蔓越橘的种植上，进入市场的蔓越橘上残留着毒素。有毒的蔓越橘被管理部门统统没收了，但人们依然对此不依不饶，控诉不断。很多医学研究中心以及药物管理部门都纷纷拿出了科学证据，证明氨基三唑对鼠类具有致癌性。当实验老鼠的饮用水含有 100ppm（百万分之一百）氨基三唑时，从第六十八周起，老鼠身上便会出现甲状腺肿瘤，两年后，超过一半的老鼠身上都有了肿瘤，有良性的，也有恶性的。不过，我们还无法确定，氨基三唑对人类的致癌性究竟会在哪个程度。尽管如此，哈瓦德大学的医学教授大卫·鲁茨顿仍明确表示，“一定会有某种程度上的危害，尽管这种程度看起来并不一定很严重，但对人类而言至关重要”。

截至目前，关于氯化烃杀虫剂和新型除草剂的情况，我们还不太明晰，有待进步一考证。如我们所知，很多恶性病变的进度都十分缓慢，要在很久之后才会出现临床症状。在 20 世纪 20 年代的头几年里，很多女性热衷于在钟表表面涂抹上一层发光料，而这些发光料中含有镭，有的人因为曾经口含毛刷而误食了少量的镭。15 年过去了，甚至更多年过去了，其中一些女性被确诊患上骨癌。由于职业原因和化学致癌物长期接触的病例也是如此，通常在 15 ～ 30 年，或者更久之后，当事人才查出癌症。

人们在工业生产中接触到了诸多种类的致癌物，其中接触到 DDT 的确切时间是 1942 年。当时，DDT 被用于军工业，到了 1945 年投入民用。50 年代初，诸多化学物质被陆续投入应用领域。人类播下了恶果的种子，即将面对恶果的成熟。

通常来说，恶性病变的潜伏期都很长，当然也有例外，譬如为人熟知的白血球增多症。在原子弹爆炸三年后，广岛的幸存者陆续出现白血球增多的病征，就目前看来，其潜伏期相当之短，无出其右。这个“纪录”或许未来会被其他癌症“超越”，但至少在现在，白血球增多症的发展速度的确是个例外。

当今时代，农药被滥用，白血病的发病率越来越高。从美国国家人口统计办发布的数据中，我们不难看出，血液系统的恶性病变发病率增加骇人。在 1960 年，有 25400 人死于血液系统恶性病变和淋巴癌，其中有 12290 人死于白血病；而在 1950 年，死于血液系统恶性病变和淋巴癌的人数是 16690 人。1950 年的死亡率是 11.1/100000；到了 1960 年，死亡率上升到 14.1/100000。不单单是在美国，在其他国家亦是如此。根据其他国家所提供的数据来看，各年龄段死于白血病的总人数正在以每年 4％～ 5% 的比例迅速增加。这背后潜藏着什么信息呢？我们的环境是不是正日益被各种致癌物侵蚀？我们是不是正暴露在某些未知的致癌物之中？

梅约诊所是世界闻名的医疗机构，仅在那里就确诊了好几百例血液系统的恶性病变。马尔克姆·哈格莱维斯在梅约诊所血液科就职，他和他的同事曾提到，所有患者都曾和化学毒物有过直接接触，无一例外，譬如喷洒化学药剂，而这些药剂中含有DDT、氯丹、苯、高丙体六六六和石油蒸馏物等。

哈格莱维斯认为，在最近十年里，环境疾病日益增多，这和使用有毒物质息息相关。哈格莱维斯拥有十分丰富的临床经验，他坚信“绝大部分患上血液系统和淋巴系统疾病的患者，都曾有过接触烃类物的经历，比如喷洒农药，而现在大多数农药都含有烃。这种关联在每一份详细的病例报告中都会有所显现”。他手上有着大量病例报告，记录得异常详尽，涉及白血病、霍金斯症、发育不良性贫血等血液系统疾病，以及造血功能紊乱。在他看来，患者都曾置身于“致癌环境”当中。

那么，这些病例又意味着什么呢？我们来看其中一份。有一位家庭主妇很讨厌蜘蛛，在8月的一天，她在地下室喷洒了杀虫剂，而这种杀虫剂中含有DDT和石油蒸馏物。她喷洒得很是彻底，楼梯、水果橱柜、天花板，以及椽子这类隐秘的地方都被她喷了个遍。在喷完药之后，她随即就出现了恶心、烦躁和神经紧张的症状。几天后，她感觉好一些了，但她并没有意识到自己已经得病。9月的时候，她又喷洒了两次药剂，出现了同样的情况，刚喷完药的几天里她感到不舒服，随后又暂时恢复了正常。后来她又喷洒了一次药，这次是朝着空气喷洒的，然后，在她身上出现了新的病症：除了一些不适之外，她还伴随着发烧、关节痛，还有一条腿被诊断为急性静脉炎。哈格莱维斯对她进行了检查，确定她患上了急性白血病，在此后的第二个月里，她不幸病逝。

哈格莱维斯还曾遇到过这样一位患者，他平时办公的地方很老旧，满是蟑螂。他不堪其扰，决定亲自上阵灭除蟑螂。他用了好几天的时间，在地下室和所有隔断区域都喷上了药。他使用的药剂是浓度为百分之二十五的甲基萘溶液，DDT 以悬浮态存在其中。没过多久，他就开始皮下出血，后来还吐血。当他进入诊所的时候，他正在大出血。对他的血液进行分析后发现，他的一种骨髓机能衰退得很严重，这意味着他患上了发育不良性贫血。此后五个半月间，他不仅接受了各种治疗，还输了 59 次血，然后骨髓机能得到了部分修复。然而，9 年之后，他还是得了白血病。

我们从病例中看到，但凡是涉及的药剂，通常都含有 DDT、高丙体六六六、六氯苯、硝基苯酚、对位二氯苯（普通的除蠹晶体）、氯丹等化学物质，以及可以溶解它们的化学溶剂。曾有医生强调说，单纯接触单一化学物质的情况并不常见，是很特殊的情况，这些商品中所含有的化学物质通常都有很多种，而且要把多种化学物质制成悬浊液体还需要用到石油分馏物，那当中也含有诸多杂质，比如芳香族和不饱和烃，这种溶剂原本就有可能令造血器官受到破坏。然而，如果不以医学的眼光来看待这件事的话，那么是否采用这种溶剂就变得无足轻重了，因为普通的喷药里也都含有石油蒸馏物，它是不可替代的。

另外，哈格莱维斯在各国的医学文献中找到了很多极具价值的病例，他越来越坚定自己的看法——这些化学物质会导致白血病，以及其他血液系统疾病。这些病例记录了很多普通人的患病经历：农民在自己喷洒农药，或是飞机喷洒农药后受到毒害；学生在给书房喷了灭蚊药后留下继续学习，从而患病；

有妇女在家中安装了便携式高丙体六六六喷雾器；有工人的作业环境是喷洒过毒杀芬和氯丹的棉花地，等等。医学专著里的病例常常都“犹抱琵琶半遮面”，细想来却都是一出出悲剧。在捷克斯洛伐克有一对表兄弟，他们同住一城，一起工作，一起娱乐。他们最后的工作是在一个联合农场里卸货，而货物则是大袋大袋的含有六氯联苯的杀虫剂。这项工作是致命的。8个月后，其中一人被确诊为白血病，仅仅9天之后便离开了人世。与此同时，另一个人也出现了疲劳感，并伴随着发烧，3个月后病情突变，严重到不得不入院，后来也被确诊为急性白血病。这个病例再次验证了白血病的必然致命性。

在瑞典，一个农民患者的奇特病情让我们想起日本渔船“福龙号”上的渔良洼山。这个农民和渔良洼山一样曾经都十分健康，他们一个靠海吃饭，一个靠地吃饭，都辛勤地生活着。然而，从天而降的有害物质令他们陷入绝境。渔良洼山遭遇了放射性微尘，瑞典农民遭遇了化学粉尘。这个农民将含有DDT和六氯苯的药粉播撒在60英亩左右的土地上，在他细心播撒的时候，药粉被风吹起，笼罩在他四周。当晚，他觉得疲惫不堪，在此后几天里，他不但觉得全身无力，还感到腿疼、背疼，身体一阵阵地发冷，不得不躺倒床上。路德诊所的病例记录中写道：“情况持续恶化，撒药后一周，患者要求住院治疗。”他高烧不退，血检结果异常。随后，他被转至大医院，于两个半月后离世。尸检报告称，其骨髓已完全萎缩。

细胞分裂是至关重要的身体机能，现在竟然受到如此严重的破坏。这个现象不仅不正常，而且危险系数极高，是当今医学所关注的大难题之一。众多科学家都致力其中，耗费了无数财力人力。细胞到底怎么了？为何会不再遵循增长规律，变成了疯狂蔓延的癌细胞？或许未来医学将能够回答这个难题，但答案一定不止一个。癌症的形态本来就各不相同，因为病因、病程、控制生长的因素以及转归因素等都呈现出多样性。换句话说，癌症的病因必然多种多样。或许只有最基本的几类癌症会导致细胞受到破坏。放眼全球，虽然对癌症的研究已经极为普遍，但有时候却很缺乏专业性。当然，和癌症的持久战已经打响，我们还有希望，终有一天，我们将找到答案。

我们对细胞及其染色体进行了观察，并从中得到了很多有用信息，这将有助于人们进一步了解癌症的真相。细胞及其染色体是构成生命体的基本单位，我们需要在这样一个微观世界里找出各种破坏细胞正常机制和状态的因素，以及这些因素的作用方式。

德国的生物化学家奥特·瓦勃格提出了关于癌细胞起源的理论，而这个理论是那么令人难以置信。奥特·瓦勃格就职于马克斯·普朗克细胞研究所，他用了一生的时间来研究细胞内的氧化作用及其过程。基于一系列的研究，他清晰地回答了“为什么正常细胞会转变为癌细胞”这个难题，而他的解释格外引人关注。

在瓦伯格看来，放射性致癌物和化学致癌物都会破坏正常细胞的呼吸作用，并借此机会夺走了正常细胞的能量。造成这种情况的原因是长期、反复地小剂量接触有害物质。这种影响是不可修复的，一旦发生，后果不言而喻。呼吸作用受到了有毒物质的破坏，但有的细胞尚能正常工作，它们会竭尽全力去挽回败局，修复能量。但是它们已经无法再持续进行有效的循环，不能再生产出大量ATP，只能采用最原始的方式，通过发酵作用来维持呼吸，这种方式的效率是极为底下的。通常，这种工作方式会持续很久，也就是说细胞会抗争很久。此后，分裂而出的新细胞继承了这种工作方式，如此一来，最终所有的细胞都将失去呼吸作用的能力。简单来说，一旦细胞被迫放弃这种正常的运转方式，那么它将永远都不能再重新获得这样的能力了，一年两年，一代两代，无论用多久的时间去弥补，都只是徒劳而已。不过，修复能量的抗争是异常激烈的，存活的细胞会利用发酵作用一点一点地找回能量。这便是达尔文提出的“生存哲学”，在这种抗争中，“优胜劣汰，适者生存”。最终，这些细胞在发酵作用的“帮助”下所获得的能量，几乎和呼吸作用所产生的能量不相上下。这种状态意味着什么呢？那就是癌细胞已经在正常细胞中诞生了。

瓦勃格从多个方面入手阐释了这个令人费解的难题。大部分癌症的潜伏期都很长，是因为细胞要大量分裂需要很长时间。在此期间，呼吸作用逐渐衰竭，发酵作用逐渐占据主导地位。这个过程是极为缓慢的，而且不同物种的细胞发酵作用速度不尽相同，因此所需时间也大不相同。对于鼠类而言，所需时间通常很短，癌细胞很快就会出现；对于人类来说，所需时间会很长，癌变的过程也就异常漫长。

另外，瓦勃格还解释了另一个疑惑——在特定情况下，反复摄入小剂量致癌物的危险性，会大于一次大剂量的摄入，这是为什么？一次性摄入大剂量的致癌物会立刻让所有细胞死掉，但是反复的小剂量摄入，却让部分细胞侥幸存活下来。这些存活的细胞不仅时刻遭受着威胁，更会逐渐变成癌细胞。由此不难看出，对于致癌物的使用来说，根本不存在所谓的允许值。

除此之外，瓦勃格还解释了——为什么某些因素和物质，既能治癌，也能致癌，譬如广为人知的放射线。放射线是致癌的，但同时，它又能消灭癌细胞；还有一些化学药物也具有同样的特性，这到底是怎么一回事呢？因为这些因素和物质会对所有细胞的呼吸作用都“一视同仁”地进行破坏：对于癌细胞来说，它已经经历过一次打击，呼吸作用原本就十分衰弱，如果再被打击一次，它便“死无葬身之地”了；但对于正常细胞而言，呼吸作用之前没有受到破坏，因此很可能不会就此消亡，而会就此向癌细胞转变。

时间来到1953年，有研究者发现，在长时期内反复中断正常细胞的摄氧，会导致细胞癌变。这个发现验证了瓦勃格的观点。到了1961年，研究人员用活体动物实验再次验证了瓦勃格的理论，而在此前，相关实验都是借助人工培育的组织。研究者给患癌的老鼠注射了放射性示踪物，并详细监测细胞的呼吸作用。经监测发现，细胞的发酵作用在速度上已超出正常范畴，这和瓦勃格的推断是一样的。

如果我们用瓦勃格的标准来评定的话，大多数农药中的致癌物都是最高级别的危险品。如我们前文所述，诸如氯化烃、苯酚，以及某些除草剂等，都会破坏细胞的氧化过程和能量转化。在这种情况下，休眠癌细胞悄然而生。在这种休眠癌细胞中，潜藏着不可逆的癌变倾向，只不过它们在较长时期里会暂时处于休眠状态。人们很容易忽视这类细胞，以至于从始至终都不曾怀疑过它们的存在，当它们被彻底遗忘之后，癌变才会原形毕露。

当染色体受到破坏，也有可能会引发癌症。有很多优秀的研究者都对这一方面尤为关注，他们怀疑一切破坏染色体、阻碍细胞分裂以及诱发突变的因素。在他们看来，所有的突变都蕴含着致癌的可能性。这个观点目前尚存争议，但很难得出结论，因为人类需要用几个世代的时间去验证这些因素是否会诱发胚胎细胞突变。当然，身体细胞的突变是可以观察到的。如果从"突变引发癌症"的观点出发，我们可以看到，在放射线或化学物质的作用下，细胞是有可能发生突变的。突变之后，细胞分裂的正常规律被打破，细胞变得不受控制，毫无规律且疯狂地进行着分裂。在这种状态下分裂出来的新细胞同样不受控制，日积月累，恶性肿瘤便形成了。

此外，研究者还指出，癌组织中的染色体不具有稳定性，不仅自身容易破裂，也容易遭到破坏；而且染色体数量也不正常，一个细胞中甚至会有两套染色体存在。

染色体的非正常发展最终导致了癌变，这个过程到底是怎么回事呢？阿尔柏特·莱万和 J. J. 倍塞尔首次对整个过程进行了研究。到底是染色体遭到破坏从而引发恶性病变，还是恶性病变破坏了染色体，在这个问题上他们坚定地认为："是染色体先出现了非正常变化，此后才会出现恶性病变。"根据他们的推测，在部分染色体受到破坏，出现不稳定性后，需要经过很长一段时间，才能将这种"错误"的特性"复制"到众多后代细胞中，显然，这段时间正是癌症的潜伏期。在此期间，突变的细胞积少成多，越发失去控制，开始毫无规律地增长，最终导致癌症的发生。

最早提出染色体具有稳定性的研究者是欧几维德·温吉，

他认为染色体的倍增现象意义重大。在植物实验中，人们发现，六氯苯和高丙体六六六会导致植物细胞的染色体成倍增长，而根据众多可靠病例显示，这类化学物质和某些致命的贫血症不无关联。那么，这两种现象有没有关联性呢？在大多数农药中，到底有哪些物质会阻碍细胞分裂，破坏染色体，并诱发突变呢？

如果受到放射线照射，或是接触了具有类似放射性作用的物质，那么普遍会患上白血病。关于这一点并不难理解。这类物理因素和化学物质的破坏对象主要是分裂能力异常强大的细胞，包括诸多身体组织，尤其是和造血功能相关的组织。骨髓制造着我们身体内的红血球细胞，向血液输送红血球细胞的速度是每秒一千万个。同时，在骨髓和淋巴组织中，白血球细胞的形成速度也很快，但很容易发生变化。

说到这里，我想起了放射性元素的裂变产物锶90，诸如此类的化学物质对骨髓细胞有着很强的亲和性。杀虫剂中通常都含有苯，而苯在侵入骨髓后会沉积下来，并长期“埋伏”于此，时间可达一年之久。在医学论著中，苯早就被判定为白血病的病源之一。

儿童期是生长发育的高速阶段，因此儿童的身体组织是最“适合”癌细胞发展的。对此，麦克华伦·勃尼特明确表示，白血病的发病率在全球范围内呈增长趋势，尤其是在三到四岁的儿童中，白血病日益普遍，在这个年龄段里，其他疾病的发病率都不及白血病。他还指出，在三到四岁这个年龄段里，白血病的发病率是最高的；这些孩子在出生前后曾和导致突变的物质有所接触，此外别无他解。

尿烷是另一种已知的致癌物。怀孕的老鼠在接触了尿烷之后，母鼠和新生幼鼠都长了肺癌。新生幼鼠出生后并未和尿烷有所接触，事实上，化学物质定然侵入了胎盘。惠帕早就说过，如果人们接触了诸如尿烷这样的化学物质，那么新生儿很有可能会因为出生前的间接接触而患上肿瘤。

尿烷的学名是氨基甲酸乙酯，和氨基甲酸酯一样，在化学上与 IPC 和 CIPC 关系密切。然而癌症专家的告诫并没有起到什么作用，氨基甲酸酯依然被广泛使用在杀虫剂、除草剂、灭菌剂中，甚至还出现在增塑剂、医疗药剂、服装材料以及绝缘材料之类的产品中。

有时候，癌变的过程会显得十分曲折，并没有那么直接。某些物质或许本身并非致癌物，但会影响身体某些系统或组织的正常运转，从而给恶性病变提供了便利。某些癌症的发生便是如此，比如生殖系统的癌症。在生殖系统中，如果性激素失衡，癌细胞便有了可乘之机，其关联性主要在于：在特定情况下，性激素的平衡被打破，从而引发了一系列的其他变化，这些变化对肝脏又产生了巨大影响，导致肝脏无法将性激素维持在正常水平。氯化烃便是这类物质，它会引起肝脏中毒现象，也就是说它会间接致癌。

一般来说，我们身体内的性激素都很正常，它的作用主要是刺激各生殖器官的生长，对于人的一生来说，它是不可或缺的。另一方面，我们的身体拥有一种长期建立起来保护机制——消除多余激素。肝脏是这个机制的管理者，它可以维持雄性激素和雌性激素之间的平衡，并防止身体积累过多的任一激素。如我们所知，无论是男是女，都会产生两种性激素，只是比例会有所不同而已。当肝脏患病，或是受到化学物质侵害，又或者缺乏维生素 B 时，它便无法正常执行任务了。如此一来，雌性激素将会不断增多，严重超出正常水平。

这意味着什么呢？我们在动物实验中收获了大量信息。一位就职于洛克菲勒医学研究所的专家发现，如果兔子的肝脏患病，功能受损，那么其子宫肿瘤的发病率也会很高。对此，专家解释说，子宫肿瘤的高发病率是因为肝脏已无法将雌性激素维持在正常水平，如果再这么继续下去，这些子宫肿瘤就有可能出现癌变。无论是用鼠类做实验，还是用猴子做实验，结果都是一致的：长期服用雌性激素，哪怕剂量微小，也会导致生殖系统突变，一开始或许只是滋生良性肿瘤，但到最后还是会引发恶性病变。另外，在实验中，长期服用雌性激素的欧洲大鼠还长出了肾脏肿瘤。

在人类身上也会发生同样的事情——尽管这个观点在医学上还存在争议，不过现在有很多证据都能证明其可信性。穆斯格尔大学维多利亚皇家医院的研究者指出，他们所接触的子宫癌有 150 例左右，其中三分之二的病例具有类似情况，即雌性激素的水平达到异常高度。在之后研究的 20 例子宫癌病例中，有 9 成都是如此。

现代医学还无法用实验来证明患者的肝脏功能到底受到了何种破坏，但毫无疑问，患者的肝脏很可能已经受损，无法正常消除多余的雌性激素。如前文所说，氯化烃时常会引发此类现象，只需很小的摄入量，便能让干细胞发生变化。另外，氯化烃还会导致维生素 B 流失。我们必须重视这个情况，因为维生素 B 已被证实具有抗癌作用。

曾担任过斯朗凯特林癌症研究所顾问的 C. P. 洛兹研究发

现，当实验动物接触了某种强效的致癌物后，若是给它们服用酵母，它们便不会患癌。酵母是一种天然真菌，富含维生素B。此外，缺乏维生素B还有可能让口腔癌等消化系统癌症乘虚而入。这些病例不仅出现在美国，还出现在瑞典和芬兰北部，在那些地区，食物的维生素B含量都很低。很多人会因为缺乏维生素B而患上早期肝癌，比如在非洲的班图部落中，人们总是处在营养不良的状态，患病率便居高不下。在非洲的其他地区，男性胸癌的发病率也十分高，这和肝病导致的营养不良有着密切联系。二战之后，希腊地区的男性胸癌发病率升高，这是因为在饥饿的状态下，癌症会随之而来。

简单来讲，农药之所以会间接致癌，是因为其中的化学物质会导致肝脏受损，并阻断维生素B的供给，从而导致生物体内的雌性激素水平升高，相当于让身体自己生产出了致癌物。尽管如此，依然有很多人工合成的雌性激素在不断涌入我们的生活，它们深藏在各种化妆品、药品、食物和职业环境中，人类越来越多地暴露在这些化学物质中间。这些物质正聚集起巨大的影响力，我们必须加以重视。

会接触到这些致癌物的渠道有很多，我们很难去控制。即便是同一种致癌物，我们也有可能通过多种途径接触到。比如说砷，它会以各种不同形式潜伏在我们周围，它是空气污染物，同时还会污染水；它会残留在食物上，还被用于药品和化妆品；它被添加到木材的防腐剂中，还存在于墨水和油漆里……显然，在这些五花八门的形式中，单独出来都不会致癌，因为它们都标榜着所谓“允许值”。可是，每接触一次，“允许值”就会累计一次，而每一次的接触，都有可能让量变产生质变。

另外，就人类而言，癌症还会在多种致癌物的共同作用下产生，换句话说，是综合因素造成的。举例来说，就好像有人接触了DDT后又接触了烃类物，而烃类物常常被用作溶剂、减速剂、干洗剂以及麻醉剂等。这样一来，DDT的“允许值”就变得毫无意义了。

有些化学物质会受到其他化学物质的影响，从而改变自身的特性和效用。这种情况令事情更加复杂了。有时候，两种化学物质会产生相互作用，一种先让细胞和组织变得脆弱，再让另一种完成致命一击，引发癌变。除草剂IPC和CIPC便是如此，它们在人类身上创造出癌变的环境，等到其他物质，比如我们常用的洗涤剂浸入人体时，便会彻底引发癌变。

物理因素和化学物质也会产生相互作用。白血病的病程主要有两个阶段，先是放射线引发恶性病变，而后浸入人体的化学物质，比如尿烷，会驱动和强化这种病变。事实上，人们接触放射线的机会也开始增多了，与此同时，各种化学物质也充斥着环境，摆在人类面前的问题是异常严峻的。

放射性物质会造成水污染，这又是一个棘手的难题。通常来说，水富含各种化学物质，如果受到放射性物质的污染，水中的化学物质将会在游离射线的碰撞作用下改变自身的原子结构——原子随机重组，生成新的化学物质。

我们生活中经常使用的洗涤剂其实也属于污染物，它给公共供水制造了不小的麻烦。在美国，几乎所有的水污染专家都很重视它，却又拿它没有办法，不知道该怎么清除掉它。倒不是说目前市面上的洗涤剂是致癌物，不过它们可谓是癌变的催化剂。它们附着在消化道的内壁上，增强了这些组织对化学物质的吸收能力，也加重了这些化学物质对人体的影响。然而，又有谁能对此进行防控呢？那些致癌物，除了“零允许值”之外，又有哪个标准是真正安全的呢？

如果对致癌物宽容，那就要做好自担后果的准备。后果到底会有多么严重？最近发生的一些事件应该能给出答复。1961年春，在美国很多地区的鱼类产卵场中，有很多虹鳟鱼都患上了肝癌；生活在西部和东部地区的鳟鱼也是如此，几乎所有生长到3年以上的鳟鱼都患了癌。在此之前，美国癌症研究所环境癌症科和野生物服务部门曾有过约定，野生物服务部门需要及时向环境癌症科提供鱼类疾病方面的信息，之所以要这么做，是因为水质污染往往是早期警报，预示着致癌物的出现。

为什么此类疾病会在如此大的范围内流行起来呢？研究者还在探究其确切原因，不过他们已经在这些鱼类产卵地所使用的饵料中发现了有力证据。这些作为鱼类基本饲料的饵料中，含有各种化学添加剂和药物成分。

无论从何种角度来看，“鳟鱼事件”都事关重大，最重要的是，它以实际情况证明着——如果强效致癌物进入了生物环境，将会有什么后果。惠帕认为这起事件给我们敲响了警钟，人们理应从这起事件中总结经验和教训，重点关注和控制那些种类和数量都超出想象的环境致癌物。在他看来，若不进行有效预防，那么出现在鳟鱼身上的这场灾难终将侵袭人类，并在未来愈演愈烈。

有研究者告诫说，人类正“漂浮”在“致癌物的洋流”中，事实的确如此，不仅使人心灰意冷，还会令人倍感挫败，日益陷入绝望境地。人们常常想：“这种情况还能有什么希望？”“难道我们真的无法把这些致癌物彻底赶出我们的世界吗？不要再做什么实验了，应该集中火力去开发治癌药品才对啊！”

这也是摆在惠帕面前的一道难题。惠帕在癌症研究的领域成绩斐然，他的话在业界堪称权威。在经过很长一段时间的探索和思考之后，惠帕结合自身多年来的经验，对这道难题进行了详细解答。他的观点是，目前人类受癌症所困的局面，就好像当年（19 世纪末期）遭受传染病侵害时的局面一样。巴斯德和卡介的伟大贡献为人熟知，他们发现“病原微生物是诸多疾病的病因”。在当时，无论是医学研究者，还是普通民众，都开始意识到威胁——大量致病微生物已经成功占领了人类环境，而我们现在处境不正是如此吗？时至今日，大部分传染病已能得到有效控制，有的甚至已灭绝。这项医学成就是极其伟大的，既进行了有效预防，又提供了极佳的治疗办法。不管在外人看来，这些防治药物是多么神奇，事实上，在和传染病抗争的过程中，“消灭环境中的病原微生物”是关键措施，具有决定性意义。在一个多世纪之前，伦敦曾暴发了一场大规模的霍乱，医生约翰·斯诺将疫情标注在地图上，最后他发现，病源集中指向“一个地区”。在那个地区的波罗德街上有一口井，而附近居民的饮用水都来自这口井。斯诺果断地做出了一个决定——把井上的手柄换掉，这在医学上属于典型的预防措施。此后，疫情得到了控制。不难看出，这场疫情之所以能得到有效控制，是因为那些引起霍乱的病原微生物最后被彻底赶出了人类环境，而不是用药物去治疗，当然，在那会儿尚还没有可以治疗霍乱的有效药品。控制传染源比单纯的治疗有效得多，甚至可以说，预防本就是治疗手段之一。我们这个时代，结核病的发病率越来越低，其原因也大抵如此，人们已经鲜有机会接触到结核病病菌了。

我们的世界充斥着各种各样的致癌因素，这是不争的事实。如果把大量精力，甚至全部精力用来研发治疗癌症——譬如找到某种治癌良药，以此来与癌症抗争，这样的方法注定会像惠帕所说的那样惨遭失败，因为环境本就是治癌因素的最佳阵地，这些治癌因素注定将持续并加速威胁人类，而治癌药物的研发速度显然是跟不上的。

通过预防来控制癌症逐渐成为“常识”，但为何各种预防措施总是进展迟缓呢？对此，惠帕认为，或许是“因为攻克癌症比预防癌症更加引人关注，更加振奋人心，更加实用，也更具有经济价值”。可事实上，预防癌症更为人道，而且效果也比治疗癌症好得多。在惠帕心中有这样一种期许——在将来，人们只需在每日清晨服下一粒神奇的药丸，就能和癌症永不相见。很多人都认为，尽管癌症显得很神秘，但病因并没有那么复杂，甚至很单一，因此癌症是一种单纯的疾病，是可以通过治疗来攻克。这种希望是美好的，但实际上，这是一种极大的误解。和我们已知的医学知识完全不同的是，引发环境癌症的化学物质和物理因素异常复杂，它们导致了各种各样的恶性病变，而这些恶性病变在生物学上的表现形式是相对独立的。

即便有一天人类在癌症研究领域取得了重大突破，找到了某种极好的治疗办法，但这种办法绝不可能对任何恶性病变都管用。再好的药，都不可能包治百病。研发治癌药物的使命依然会继续下去，因为有千千万万的癌症患者还期待着通过治疗挽救自己的生命，尽管如此，如果人类把全部希望都寄托在“药到病除”上的话，那势必将深受其害。和癌症的抗争是一场持久战，只能脚踏实地地前行。当我们把大把大把的资金投入到研究中，把大把大把的精力都倾注在寻根问药以及治疗计划上时，是不是忽略了预防的重要价值呢？

攻克癌症并非毫无希望。和19世纪末的“传染病时期”相比，我们目前的处境是值得欣慰的。当年，致病的病原微生物将世界变得千疮百孔，如今，致癌物也正企图让历史重演。不过，在“传染病时期”，人们并没有“主动”将病菌扩散到环境中，即便是有传播，也是被动且无意识的行为；而在现在，大多数致癌物都是被人类引入环境的，反过来想，如果人们愿意，也能够将致癌物清除出去。然而事实上，我们环境中的化学致癌物受到了莫名的保护，主要原因有两个：其一，人们希望生活方式能够更加轻松便利，这一条说起来颇有些讽刺；其二，制造商给它们带上了假面，博取了人们的信任，让它们堂而皇之地成为人类生活的一部分。

从环境中消除全部化学致癌物是不可能的，不论是在现在，还是在未来。不过，绝大多数化学致癌物都没有必要出现在我们的生活中。如果能将这些致癌物逐渐清除出去，那么我们的生命将因此轻松很多，也不至于让四分之一的人遭受癌症威胁。我们应该尽最大努力去消除致癌物，它们正在一步步地污染着食物、水源和大气。它们的侵犯方式是极为危险的——长期、微量、反复地侵蚀着环境。

在癌症研究领域还有许多优秀的研究工作者，他们和惠帕一样坚信：竭力探究出环境中的致癌因素，并尽可能地减少，甚至消除它们，便有可能战胜恶性病变。对于那些有可能患癌，或已经患癌的人们来说，治疗方法至关重要，因而这方面的研究一定不会停下来。不过，为了让暂时未受癌症侵扰的人们能更好地生活下去，为了让后世子孙能逃离癌症，我们必须将“预防行动”提上日程。

大自然的抗争

事实上，为了追逐自身利益，人类冒着巨大风险竭尽全力地改造着大自然，最终却事与愿违。这是极大的讽刺，更是痛彻心扉的领悟。尽管鲜有人谈论，但我们不得不承认，大自然并没有做出妥协，就连小小的昆虫也找到了办法来逃避化学药剂的致命追击。

“就大自然而言，昆虫世界是最令人震惊的一部分。在昆虫世界里，万事皆有可能。很多看似不可能出现的现象，在这里都成为现实。熟知昆虫世界的人一定会惊叹于其间发生的各种神奇事件。他很明白，在那里没有什么不可能。任何事情都有可能发生。”这是荷兰生物学家波里捷的由衷之言。

那些看似不可能的现象常见于两大领域。昆虫类物种通过不断“进化”，对化学药剂的抵抗能力日益强大，这方面的内容我们将在下一章进行详述，而现在我们将要讨论的问题更为普遍：防止昆虫肆虐的自然防线正在陆续瓦解，而罪魁祸首便是广泛使用的化学物质。每一次自然防线的崩塌，都伴随着昆虫的大量出现。

来自世界各地的报告都潜藏着同样的危险信号：人类正深陷困境。我们从十几年前便开始使用化学物质来对付昆虫，然而在十几年后，昆虫学家忽然发现，那些理应在几年前就该结束的战斗，如今又吹响了号角。不仅如此，随之而来的还有诸多新麻烦。哪怕刚开始新出现的昆虫在数量上并不算多，但此后必然会疯狂繁殖，肆虐成灾。因为昆虫具有超强的生存能力，所以化学物质的使用不但收效甚微，最后还适得其反。在计划使用化学物质之初，恐怕没有人认真考量过生物系统的复杂情况，实际上，化学物质的盲目使用激起了生物系统的强烈反抗。或许化学物质的确可以帮助我们对付部分昆虫类物种，但我们未曾料到，化学物质同时还对生物系统造成了严重破坏。

时至今日，仍然有一些地方的人们尚未意识到“自然平衡”的重要性。在人类历史的早期，环境相对单一，自然平衡具有得天独厚的优势，如今，大自然呈现出失衡状态，恐怕就连人类自己也已经不清楚“平衡的自然”到底是什么模样了，甚至有人认为，自然平衡的说法子虚乌有，显然，若是将这种错误的纲领贯彻下去，人类的行动将越发危险。当今时代的自然平衡和冰川时期的自然平衡大为不同，但无论怎样，它始终存在——它把各种生命关联在一起，形成既复杂又精密的统一整体。我们不能不重视它了，它已濒临绝境，如同一个鄙视重力定理之人正独坐崖边。自然平衡的状态并非静止不变，实际上它随时都在活动着、变化着、调整着。人类，同样是自然平衡中极为重要的因子。对人类来说，自然平衡时而有益，时而有弊，通常来说，当人类行为太过频繁地影响自然平衡时，那么局面将会变得于人不利。

当人们在计划控制昆虫世界时，有两个关键问题被忽略了。其一，真正能有效控制昆虫的只有大自然，而非人类。如生态学家所说，大自然天生就具有“环境防御作用”，可以控制包括昆虫在内的各个物种的繁殖。无论何种物种，从第一个生命体的出现开始，就会受到这种作用的限制——食物数量、天气情况、气候条件、竞争物种和捕食性物种等，这种因素无一不是大自然的安排，至关重要。“想要阻止昆虫破坏人类世界，最关键的是要在它们内部激起战争，让它们自相残杀。”昆虫学家罗伯特·麦特卡夫如是说。可是，就目前而言，大多数化学药剂的灭杀对象并不具有针对性，只要是昆虫，都将被灭杀，无论是好是坏。

其二，如果这种防御作用遭到破坏，能量减弱或彻底崩塌，那么某些虫类的超强繁殖能力将会重现江湖。尽管有所预见，但很多生物的繁殖能力着实会让人大吃一惊。至今，我对上学时做过的一个实验仍然难以忘却。将干草和水放入一个罐子里，再加几滴培养液（原生动物的成熟培养液）中提取的物质。短短几天，奇迹发生了。罐子里出现了无数旋转着前行的小虫，这种微小的动物就是草履虫，长得像小鞋子一样。它们微如尘埃，在罐子里快活地繁衍着，因为那里有合适的温度，有丰富的食物，最重要的是没有天敌。那个画面让我的思绪来到了海边，仿佛看见了让岩石变白的藤壶，看见了一点点朝我游来的水母，那些水母不断颤动着若隐若现的肢体，如海水般虚幻。

大自然的管控能力是超出我们想象的，甚至可以说是奇迹。每年冬季，鳕鱼都会穿越海洋，去往产卵地，然后在那里诞下不计其数的鱼卵，平均每条雌性鳕鱼会产卵数百万枚。这些鱼卵不可能全都存活下来，并顺利长成小鱼，若是如此，海洋就会变成塞满鳕鱼块的巨大鱼塘。换句话说，除非每条雌性鳕鱼所产的鱼卵都顺利存活，逐渐发育成成鱼，并进入繁衍阶段，周而复始，才会对大自然产生影响。

生物学家曾设问：假如在未来某一天，一场不可预知的大灾难从天而降，导致大自然彻底失去了防御作用，在这种情况下，某个物种得以全部存活，并能够顺利进行繁殖，那么，接下来将会发生什么呢？一百多年前，托马斯·修克思勒曾测算过雌性蚜虫的繁殖数量，这种物种不需交配便能进行繁殖，在自然界中实为罕见。结果显示，一个雌性蚜虫在一年里所繁殖的蚜虫总量相当于当时美国总人口的四分之一。研究动物种群的专家发现，大自然一旦失衡，后果极为可怕。从事畜牧业的人们曾大面积地捕杀山狗，最终导致田鼠成灾，而在此之前，因为山狗的存在，田鼠的繁殖受到了抑制。同样的情况还发生在亚利桑那的凯白勃鹿身上。在很长一段时期里，凯白勃鹿和环境和平共处着。在这种物种的生存环境中，还生活着一定数量的食肉动物，比如狼、美洲豹和山狗等，在大自然的“管理”下，这种鹿的数量一直和肉食动物的食物需求量保持着平衡。后来，为了保护这种鹿，人类开始捕杀那些食肉动物。随着食肉动物的逐渐减少，鹿的数量日益增多，很快，这些地方的草被鹿吃光了。鹿开始以树叶为食，渐渐地，这些地方的树木也都遭了殃。与此同时，越来越多的鹿被饿死，其数量远超出从前被食肉动物捕食的数量。除此之外，由于这种鹿不得不想尽办法寻求食物，因此这些地区的环境都遭到了十分严重的破坏。

生活在山野林间的捕食性昆虫和亚利桑那地区的食肉动物具有相同的自然作用。若是灭杀了它们，那么被捕食的虫类将会爆发式增长。

谁都不清楚地球上的昆虫种类到底有多少，毕竟人类未知的昆虫应该还有很多。目前，为人所知的昆虫种类有七十余万种之多，就种类而言，占了地球动物种类总量的七八成。大部分昆虫都深受大自然的牵制，但并不惧怕人类的控制。假如这是真的，那我们不得不怀疑，那些种类繁杂的化学物质，抑或是别的什么人为方法，真的可以有效抑制昆虫的物种数量吗？

不幸的是，我们总是在大自然失去了防御作用之后才意识到，大自然才是昆虫世界的主宰者。生活在这个世界上的很多人都不曾用心关注过这个世界，他们不曾欣赏过世界的美好和奇妙，也不曾了解到其他生命强大且神奇的力量。这也就是为什么，人们至今还从未了解到捕食性昆虫和寄生生物的生存能力。当你在花圃的灌木中看到一种外表丑陋的螳螂时，可能会下意识地希望它能将周围的虫子一网打尽。假如你在夜幕下走入花圃，在手电筒的照射下，你会看到四处都闪现着螳螂的身影，它们正悄然爬向前方的猎物。此时，你才能真正理解“捕食”的意义；才能看懂这出由“猎手”和“猎物”共同出演的生命之戏；才能明白到大自然残酷的自控和自我压迫。

捕食性昆虫的种类繁多，它们的生存方式就是杀掉其他昆虫，削弱其种群。有些捕食性昆虫动作敏捷，捕食速度像燕子一样快。还有些则动作迟缓，通常都是一边在树枝上慢腾腾地爬行，一边“顺便”吃掉那些不爱动的小虫，譬如蚜虫之类。黄蚂蚁会捕食蚜虫，并用蚜虫的体液哺喂幼蚁。黄蜂总是在屋檐下筑造蜂窝，蜂窝多呈柱状，里面被塞满了其他昆虫，这些昆虫就是幼蜂的食物。黄蜂时常会盘旋在觅食的牛群四周，它们的目标是同样围绕在牛群四周的吸血蝇。食蚜虻蝇的动静很大，嗡嗡作响，这让很多人误认为它们是蜜蜂，它们通常会把卵产在蚜虫泛滥的植物枝叶上，待幼虫孵出后，会以大量蚜虫为生。瓢虫也是与蚜虫为敌的，同时还能消灭介壳虫和另外一些危害植物的昆虫。确切地说，为了获得产卵的能量，一个小小的瓢虫可以一次性灭掉数百个蚜虫。

相比之下，寄生性昆虫的习性更加奇特。它们并不会马上杀灭寄主，而是通过各种方式让寄主成为自己幼虫的食物，也就是营养来源。通常，它们会把自己的卵直接产在所寄生的昆虫或虫卵之中，此后，孵化而出的幼虫，便能直接从寄主身上获取营养。有的寄生性昆虫会用黏液把卵附着在其他昆虫身上，幼虫孵化而出后会钻到寄主的皮层中。还有部分寄生性昆虫很善于伪装，它们借此“天赋”把卵产在植物的枝叶上，这样一来，当其他昆虫吃掉植物枝叶时，虫卵也被吃进体内。

田园、篱、花圃、森林各处……四处都有捕食性昆虫和寄生性昆虫忙碌的身影。蜻蜓掠过池塘上空，它们的翅膀在阳光的照耀下熠熠生辉。在很久很久之前，蜻蜓的祖先生活在沼泽深处，而在那里，还生存着各种爬行动物。到了现在，它们仍然继承着祖先优秀的捕食能力，目光敏锐，身手矫捷。它们的几条腿就像网兜一样，能在飞行过程中瞬间兜住蚊虫。蜻蜓幼虫生活在水下，以孑孓（还处于水生阶段的蚊子）和别的一些昆虫为食。

一只草蛉正悄悄地停在一片树叶前，它的翅膀如绿纱一般美丽，双眼折射出金色的光芒。它是那么不易被察觉到，仿佛是一位害羞的姑娘，总是低调地躲藏起来。草蛉是一种很古老的昆虫，老祖宗曾生活于遥远的二叠纪。成年的草蛉以花蜜和蚜虫汁液为食，通常会把卵产在长茎植物的柄根上，并将卵和植物枝叶黏着在一起。草蛉的幼虫被称为“蚜狮”，奇怪的是它们是竖立着的。这些幼虫会捕食蚜虫、介壳虫以及其他一些昆虫，并以猎物的体液为食。草蛉幼虫要成长为成虫是需要度过一段蛹期的，它们会吐出白丝将自己包裹起来，形成茧蛹，而在此之前，每一只草蛉幼虫都将吃掉数百只蚜虫。

这种能力——一边寄生，一边毁掉其他昆虫的虫卵和幼虫——还出现在很多蜂类和蝇类身上。有些蜂类的寄生卵虽然很微小，但数量极大，生存能力也极强，因此它们能够克制住诸多害虫的繁殖。

这些昆虫无时无刻不在行动着，无论是白天黑夜，不管是晴天雨天，哪怕是在微小生命难以抵御的寒冬腊月里，它们依然在为大自然“尽忠职守”。在昆虫世界里，冬天意味着生命之火将逐渐暗淡，而春天则将带来新一轮的无限生命力。从冬到春的日子里，寄生性昆虫和捕食性昆虫将自己隐藏在白雪之下，寒土之中，树皮之间或洞穴深处，静静地等待春天的到来。

过完整个夏天，螳螂妈妈小心翼翼地把卵产在一个小小的羊皮纸匣子里，在此之前，她特意将这个小匣子黏在了灌木条上。

一只雌胡峰正在阁楼角落里休息，显然这里早已被人淡忘，成了它的天地。看起来，它正孕育着很多小生命，它体内的卵将在未来形成一整个蜂群。还在春天的时候，这只雌蜂就开始筑巢了，并在每个巢穴里都产了卵。同时，它还得负责“管理”一小群工蜂。工蜂帮助她扩筑了蜂巢，慢慢地，蜂群逐渐壮大起来。夏日炎炎，工蜂四处觅食，而雌蜂则无须亲自出马。这类昆虫的生活习性是大自然赐予它们的“天赋”，而这一切都是为了保护自然平衡。从某种意义上来说，这类昆虫是人类的盟友。

然而，人类却给自己的盟友带去了灾难。这很可怕，也很危险。我们完全忽略了它们的重要性——正是它们在保护人类免遭害虫侵扰，如果没有它们的存在，那些如潮水般的敌军迟早会将人类湮没。杀虫剂的使用量逐年递增，种类日益繁杂，效力越来越具有毁灭性。与此同时，大自然的防御机制正在衰退，我们不得不面对残酷的现实。不难想象，在未来，人类世界将遭遇越来越多的虫患，害虫不仅会破坏农作物，还是传染病的传播者，除此之外，还将有更多未知的昆虫出现在我们的生活中。

或许有人会说："这个结论只不过是理论推导出来的罢了，实际上根本不会发生，反正我一辈子都碰不上。"然而，事实上，它正发生在我们身边，四处可见。在科学期刊上，我们可以发现，仅在1958年全球各地就发上了50例左右的自然失衡现象。不单单是这一年，其实在每一年里，都会有很多此类现象发生。我们对这种现象进行了一次梳理，参阅了215篇论文和报告，最终发现，几乎所有的破坏性现象都是因农药所致——农药导致昆虫种群间的灾难性失衡。

甚至在有的时候，化学药剂不但没有灭杀掉害虫，反而"让"害虫的繁殖更加猖狂起来。比如，安大略的人们在撒药之后发现，原本想要灭杀的黑蝇的数量猛然增加了16倍之多。在英格兰地区，在人们喷洒完一种含有有机磷的农药之后，白菜蚜虫呈现出爆发式增长，这种情况是前所未有的。

我们在其他一些实例中还看到，尽管农药对灭杀对象是有效的，但同时它们也带来了更大的麻烦，导致其他种类的害虫大量出现。比如，近年来蜘蛛螨在全球各地疯狂肆虐，是因为它们的天敌在 DDT 和某些杀虫剂的作用下销声匿迹了。蜘蛛螨有八条腿，不属于昆虫类，而和蜘蛛、蝎子和扁虱同属一类。它很喜欢采食叶绿素，而它的口器细小且尖利，很适合刺入和吮吸。它将口器刺入植物叶片的外层细胞，抽取其中的叶绿素。一旦蜘蛛螨蔓延成灾，树木便会长出许许多多黑白斑点，叶片因为大量蜘蛛螨的附着而逐渐泛黄，最终不堪重负地凋零。

1957 年，美国西部的森林便遭受了这样的重创，在前一年，森林服务部门刚刚喷洒了 DDT，喷洒范围在 885000 英亩左右。人们原本是想灭杀枞树上的蓓蕾蠕虫，然而万万没想到的是，在那个夏天里，一个更糟糕的情况出现了。人们在高空巡回监察时发现，森林里的大部分树木都枯萎了，从前巍峨挺立的道格拉斯枞树变成了棕色，树上的针叶纷纷落下。无论是在海伦娜国家森林公园，还是大带山的西坡地带，以及蒙塔那和沿埃达荷地区的其他森林区，情况都如出一辙。在 1957 年的夏天，这些地区发生了有史以来最严重的蜘蛛螨灾害。可以这样说，但凡是被药物喷洒过的地区，无一幸免。追溯历史，护林人还能想起数次类似的蜘蛛螨灾害：1929 年，黄石公园的麦迪逊河沿河地区遭灾（此时所使用的农药主要是砷酸铅）；1949 年，佛罗里达州遭灾；1956 年，新墨西哥遭灾，然而所有类似的虫灾，都不及此次这样令人震惊。据调查，这几次严重虫灾发生之前，人们都在森林上空喷洒过杀虫剂。

为什么使用了杀虫剂之后，蜘蛛螨反而更多了呢？相对而言，杀虫剂对蜘蛛螨的效力有限，可以说作用并不大，除此之外还有两个重要原因：其一，在大自然中，很多捕食性昆虫都能克制蜘蛛螨的繁殖，譬如瓢虫、五倍子峰、食肉螨以及部分掠食性臭虫，而这些昆虫很难抵挡杀虫剂的灭杀。其二，蜘蛛螨群在杀虫剂的刺激下开始“分头行动”。如果螨群以密集状态定居在某处，通常来说很难形成灾害，因为它们会选择集中生活在没有敌人的安全地带。然而，在杀虫剂的作用下，螨群被迫解散。化学物质并没能将螨虫杀死，只是瓦解了它们的队伍。螨群解散后，螨虫各自为伍，开始四处找寻新的安身之地。在这种情况下，螨虫忽然“发现外面的世界更精彩”，不仅有更多的生存空间，还有更多的食物。螨虫的天敌已经销声匿迹，它们已无后顾之忧，再也不用费尽心思地隐匿在安全区内。它们开始肆无忌惮地进行繁殖，产卵量猛增 3 倍。这种现象是有悖自然规律的，罪魁祸首正是杀虫剂。

维多尼亚山的南部山谷是著名的苹果产地，在坤酸钠农药被 DDT 取代后，红带叶鸽猛然增多，形成了灾害，令种植者头疼不已。红带叶鸽是一种小型昆虫，在以往，它并不具有太大危害性。然而这一次，它们毁掉了将近一半的谷类，还毁掉了大量的苹果树。同样的情况还发生在美国东部和中西部的大部分地区，究其原因，是人们开始大量使用 DDT。

说起来颇为讽刺。在 20 世纪 40 年代末，鳕蛾（导致苹果多虫，通常来说，一个苹果中只会含有一条虫子）疯狂侵袭了诺瓦·斯克梯亚苹果园，而这个果园的喷药频率很高。在其他没有喷药的果园里，鳕蛾的行动要收敛得多。

在苏丹东部，喷洒农药的后果也同样严重，DDT 给棉花种植者带来了大麻烦。盖斯三角洲拥有 6 万英亩左右的棉花种植区，人们一直通过灌溉的方式种植棉花。刚开始使用 DDT 的时候，这种农药的效果还是不错的，基于此，DDT 的使用日益增多。人们未曾想到，各种麻烦即将悉数登场。棉桃蠕虫对棉花的破坏性非常强，为了克制它，人们喷洒了大量农药，可是这种蠕虫反而越来越多。相比之下，在没有喷过药的棉田里，棉桃和棉朵的产量并未受到太大影响，而在喷过两次药的棉田里，棉桃和棉朵的产量大大下降了。尽管那些噬叶的昆虫都被杀掉了，但棉桃蠕虫搞的破坏却更严重。在遭受了痛苦打击之后，种植者幡然醒悟：这无异于花钱买罪受，如果不是农药所致，棉田的产量原本可以更高。

在比属刚果（现为刚果民主共和国）和乌干达，为了灭除咖啡灌木中的害虫，人们大量使用了 DDT，由此引发了一场大灾难。DDT 不但没能杀灭害虫，反而将它的天敌都置于死地。在美国的很多农田里，虫害异常严重，因为农药已经破坏了原本处于平衡状态的昆虫世界，改变了它们的群体动力。这种情况在近期发生过两次，都和大规模的喷药行动密切相关。这两次行动我们在前文中有所提及，一次是为了灭除红蚁，发生在南部地区；另一次是为了灭除日本甲虫，发生在中西部地区。

1957 年，悲剧又一次上演。路易斯安那州的农民在农田里大规模使用了七氯，这么做的后果极其严重：甘蔗穿孔虫泛滥成灾。要知道，这种昆虫会对甘蔗造成极大的危害。在喷洒了七氯后，穿孔虫很快便大量繁殖起来。最初，人们是想用七氯来灭杀红蚁，然而却忽略了这样一个事实：红蚁是穿孔虫的天敌。甘蔗产量受到了严重影响，到最后，农民不得不诉诸法律，控诉州政府未能对此后果做出预警。伊利诺伊州的情况也好不到哪儿去。为了对付日本甲虫，农民在农田里喷洒了大量狄氏剂，随后，他们在是施药地区发现了大量穿孔虫，显然，穿孔虫正在肆无忌惮地繁殖着。事实证明，和未经药物处理的地区相比，这些地区的穿孔虫幼虫数量高出两倍有余。我们不指望农民人人都明白其中的生物学原理，当然他们也不需要去做深入了解，只不过，他们终于领悟到什么是得不偿失了。他们尝试着控制某种昆虫，却让另一种更厉害的昆虫得到了解放。根据农业部所提供的数据可知，在美国境内，以年为单位，日本甲虫所造成的损失合计为1000万美元左右，而穿孔虫则会带来8500百万美元的损失。

更重要的是，在过去的若干年里，人类在面对穿孔虫时，通常都很信赖大自然的力量。1917年，这种生存与欧洲的昆虫忽然在美国出现，此后两年，美国政府制订出控制计划，主要是搜集和引进以它为寄主的寄生生物。截至目前，美国已经引入有24种寄生生物，并支付了高额费用。在这24种生物中，有5种是可以独立控制穿孔虫的，其价值不言而喻。显然，因为农药的广泛使用，这一系列工作的成绩已经被抹杀了。

对于政府的工作，或许有人会心存质疑，那么让我们来看看发生在加利福尼亚州的实例。在19世纪80年代，加利福尼亚州的柑橘种植业里，诞生了一个有关“生物控制”的著名案例。1872年的时候，加利福尼亚州受到介壳虫的侵袭，这种虫子会吸食柑橘树的数汁。此后15年间，介壳虫进一步繁衍成灾，很多果园因此而颗粒无收。后来，政府从澳大利亚引进了一种瓢虫。这种瓢虫有个美丽的名字：维达利亚，它是以介壳虫为寄主的寄生性昆虫。在引入这种瓢虫两年后，加利福尼亚州的介壳虫灾害得到了有效控制，人们在柑橘树丛里排查了好几天，也没有看到一只介壳虫的影子。

时光转眼间来到了20世纪20年代，加利福尼亚州的柑橘种植者开始尝试新式武器了，他们选择用化学药剂来灭虫。在喷洒了DDT，以及其他毒性更强的化学药物后，维达利亚瓢虫在大部分地区都灭绝了。想当初，政府为了引进它们而支付了将近5000美元的费用，而这些瓢虫也不负众望，每年都会为种植者挽回数百万美元的损失。然而，仅仅是一次考虑不周的行动，就让多年来苦心经营的良好局面开始恶化。介壳虫东山再起，造成了巨大灾害，其严重程度在近50年中闻所未闻，见所未见。

保尔·迪白克就职于里沃赛德的柑橘试验站，他曾说："这或许意味着一个时代就要结束了。"目前，抑制介壳虫的工作绝不可能再像上一次那么简单了。人们不仅要反复放养维达利亚瓢虫，还要谨慎拟订喷药计划，尽可能地让瓢虫避开杀虫药剂，只有这样，瓢虫才有可能在这里继续生存下去。柑橘种植者到底做何感想，我们不得而知，但他们理应考虑到周边地区的农作物和生活区，一旦杀虫剂跟随空气扩散到附近地区，势必会造成更大的麻烦。

以上实例都是有关农业害虫的，那么，针对会传播疾病的害虫，情况又是如何呢？事实上，我们已经接收到了大量的警告。尼桑岛位于南太平洋上，在二战期间，岛上居民一直在大规模地使用杀虫剂，直至战争几近结束方才停止。然而，在很短的时间内，传播疟疾的蚊子重新登岛，而此时，它的天敌早已死于杀虫剂。新的捕食性昆虫力量薄弱，蚊子的繁殖开始失控，最终导致爆发式增长。对此，马歇尔·莱尔德说，如果把化学控制视为一辆自行车，那么人一旦骑上去，就很难再停下，因为他惧怕停下来的后果。

在我们的生活中，有些疾病正和有毒药剂产生着某种独特的联系。通过观察发现，软体动物，譬如蜗牛，极少遭受杀虫剂的伤害。在佛罗里达州东部，人们向盐化沼泽中喷洒了杀虫剂，大量生物因此死亡，只有水蜗牛存活了下来。这是一幅多么可怕的景象啊，就好像超现实主义画家笔下的混沌画面。水蜗牛迟缓地爬行在一堆死鱼和垂死挣扎的螃蟹之间，吞噬着那些被毒害的遇难者尸体。

在这幅画面背后，潜藏着怎样的重要信息呢？事实上，很多寄生性蠕虫都会以蜗牛为寄主。在这些寄生虫的一生中，有的时候需要寄生于软体动物身上，有的时候则需要寄生于人体体内。譬如说血吸虫。这种虫子能够穿过人的肌肤进入人体，如果人们饮用或接触了含有血吸虫的水，就很容易感染上血吸虫病。另一方面，血吸虫是通过寄生于蜗螺而进入水中的。在亚洲和非洲各地，血吸虫病较为常见。通常来说，但凡是有血吸虫的地方，蜗螺的繁殖一定没能得到有效控制，究其原因，很可能是人们采取了失败的昆虫控制方式。

因蜗螺染病的远不止人类，牛、羊、鹿、麋和兔子，以及很多温血动物都时常因它而感染上疾病。曾经寄生在淡水蜗螺身上的肝吸虫会导致这些动物患上肝病，而感染了肝吸虫的动物肝脏自然是不能食用的，按规定必须予以没收。对于美国的畜牧业而言，这种疾病所导致的损失高达每年350万美元。无论如何，人类应该停止一切有可能导致蜗螺剧增的活动，否则局势将更加严峻。

近十年来，我们一直生活在这些难题之中，同时，这方面的研究情况也不容乐观。很多研究者原本可以在“生物控制”领域大展拳脚并有所成就，却执意把研究精力都投入到了“化学控制”领域中。1960年的一篇报告告诉我们，在美国的经济昆虫学家中，只有百分之二正在研究和实践生物控制技术，其他专家都在为制造商研发各种化学杀虫剂。

为何会出现这样的情况呢？某些大型的化学公司为了进一步研发杀虫剂，将大量资本投入到了大学校园中。这些公司在学校里设立奖学金，提供诱人的就业机会，以此“鼓励”研究生们选择化工专业，并为他们“服务”。与此同时，“生物控制”却备受冷遇，因为它无法像化工专业那样给研究生带来“好机会”。如此一来，研究生物控制技术的工作就被“扔”给了就职于政府部门的研究者，而他们的收入要微薄得多。

于是我们终于明白了，为什么一些权威的昆虫学家，会站出来维护“化学控制”的利益。我们对其中的一部分人做了背景调查，发现在他们都在依靠化学公司的资助做研究。他们在业界的声誉，以及他们的研究工作，其实都受到了“化学控制”的控制。直白一点说，他们怎么可能对“投食之人”反咬一口。

我们看到，尽管大多数昆虫学家在为“化学控制”欢呼，但仍有部分昆虫学家正脚踏实地地做着研究，他们深知，自己不是化学家和工程师，而是生物学家。对此，英国的吉克勃是这样说的：“现在有很多所谓的经济昆虫学家，他们的一举一动都在告诉人们，他们坚信只有喷雾剂能拯救世界……他们觉得，如果此后出现虫灾反复、昆虫抗药，以及哺乳动物中毒等各种情况，那么化学家自有办法制造出新药物来解决问题。在这种情况下，人们完全没有意识到，只有生物学家才能真正做到根治虫害。”生活在诺瓦·斯克梯雅的毕凯特也曾提到：“经济昆虫学家理应懂得，他们的研究对象是有生命……他们的研究工作绝不仅仅只是测试杀虫剂，抑或是测定高毒性的化学物。”毕凯特的研究方向是“控制昆虫的合理方法”，他充分利用了各种捕食性昆虫和寄生性昆虫的特性。在这一领域，他无疑是位伟大的先驱者。

大概在35年前，毕凯特来到了诺瓦·斯克梯雅。他的“实验室”是安那波利斯山谷的苹果种植园。曾几何时，这里是加拿大果树最密集的地区。后来，人们开始尝试使用杀虫剂，而当时的杀虫剂还是无机化学药剂。人们都坚信，杀虫剂可以控制昆虫的数量，唯一需要注意的地方就是严格遵循说明书上的指示。不难想象，希望最终还是破灭了。在那里，昆虫的活动并没有受到影响。尽管如此，人们的热情反而更加高涨了，不仅开始使用新的化学药剂，还制造出更强力的喷药设备。然而，问题如故。再后来，人们又开始适用DDT来灭除到处肆虐的鳕蛾，却最终导致了另一场严重灾难——螨虫灾害。对此，毕凯特说：“人们度过了一场劫难，又迎来了另一场劫难；解决了一个难题，又引发了另一个难题。”

此时，对化学控制的研究愈演愈烈，很多昆虫学家都在这条路上穷追猛打着，而毕凯特和其同事却毅然选择了另一条路。他们意识到，人类在大自然中是可以找到强大盟友的。于是，他们决定尽可能地利用自然防御作用，同时尽可能少地使用杀虫剂，并对此做出了全面的规划。在万不得已必须使用杀虫剂的时候，他们坚持将剂量减到最低，这样一来，既可以杀除害虫，又能避免益虫受到较大伤害。此外，他们还会对喷药时间做出合理安排。比如，他们会在苹果花变成粉色之前喷洒尼古丁硫酸盐，以此让重要的捕食性昆虫存活下来，这么做是因为此时这些捕食性昆虫尚未孵化出来。

毕凯特所使用的化学药剂都是经过精心选择的，对寄生性昆虫和捕食性昆虫威胁并不大。“我们在使用 DDT、硫磷、氯丹，以及其他杀虫剂精心常规控制时，应该参照从前使用无机化学药剂的方法，这样的话，那些致力于‘生物控制’研究的专家便不会抱怨连连了。”凯必特如是说。他所选择的化学药剂通常都不是高毒性的广谱杀虫剂，而是“尔叶尼亚（此名由一种热带植物的地下茎演化而来）”、尼古丁硫酸盐和砷酸铅等，只有在特殊情况下，他才会使用极小剂量的 DDT 和马拉硫酸。在过去，人们通常会在每 100 加仑水中添加 1 ～ 2 磅的 DDT 或马拉硫酸，而毕凯特只会添加 1 ～ 2 盎司。在众多的杀虫剂中，这两种杀虫剂的毒性是最低的，尽管如此，毕凯特还是想研究出更多更安全的替代物。

那么，这项规划进展如何呢？在当地，种植者听从了毕凯特的建议，按照他的方法对果园施药。和其他坚持使用高毒性杀虫剂的苹果种植区相比，诺瓦·斯克梯雅地区的产量和质量并无二致，但人们所投入的经费却要少得多，是其他地方的一两成。

毕凯特的研究获得了巨大成功，同时，事实证明，这种改良过的施药方法不会对自然平衡造成影响。10 年前，加拿大的昆虫学家尤里特曾说："我们的哲学观必须做出一些改变了，不要再认为人类有多么优越。我们必须承认，在大自然的启迪之下，人类可以发现更合理的控制生物种群的方法，而这些方法比'人造方法'要实惠得多。"显然，一切都正朝着尤里特所指出的哲学方向前进着。

崩溃之声

昆虫世界完美地诠释了适者生存理论，给人留下难忘的深刻印象，倘若达尔文还活着，一定会为此感到开心和惊异的。昆虫中的弱势群体，都因为化学喷洒药物的使用而灭绝了。目前，大部分的区域和物种里，能够在这种反控制中存活下来的，只有强势的昆虫，以及那些适应能力很好的昆虫。

A.L. 麦兰德，是华盛顿州立大学的昆虫学教授，大约半世纪之前，他提出了一个问题："昆虫会不会因为随着时间的推移，对药物有抵抗力？"现在看来，这个问题似乎只是个修辞学问题。倘若那时候，人们对此的回答是不知道，或是太慢的话，只能说明 40 年前，麦兰德的问题，对于 1914 年来说，提得太快，太早。DDT 时代来临以前，人们对于化学药物的使用是很小心谨慎的，哪怕当时是无机物化学药物。不过那时候已经引发了遭受过药物喷洒还活下来的昆虫们的应变。至于麦兰德本人，曾经用几年时间，依靠着硫化石灰很好地控制了桑·古斯介壳虫，可之后克拉克斯顿地区，这类昆虫变得很强大，要杀死它的难度堪比在万那契和雅吉玛山谷果园，因而麦兰德陷入了困扰之中。

忽然，美国其他地区的介壳虫，在果园种植者辛勤地、大幅度地喷洒硫化石灰的情形下，还依旧不肯死去，就像商量好的一样。而在美国的中西部区域，因为药物不起作用，几千英亩的优质果园，都已经被昆虫毁灭了。

在加利福尼亚，人们长期都用帆布帐篷把树罩起来，还用氢氰酸蒸汽熏这些树，这已经是惯例了，可是，这种方式在一些地域已经不起作用，让人很是失望。这个问题被抛向加利福尼亚柑橘试验站，1915 年左右，他们开始进行研究，并且持续了 25 年。即便曾经砷酸铅可以很好地控制鳕蛾，可是，在 20 世纪 20 年代左右，鳕蛾就对药物产生了抵抗。

但是，世界真正进入抗药性时代，是因为 DDT 以及其同类的出现。只要是用有简单的昆虫学知识，或是生物力学知识的人，对于下述事实都不应该感到惊讶。即约莫短短的几年里，出现了一个危险问题，让人很是不快，且问题已经显而易见了。即便人们逐渐地知道，昆虫对于化学物质有着抵抗能力，但就目前而言，大概只有那些接触过病昆虫的人，才意识得到问题的严重性。虽然这种理论成为现实中困难的依据，可大部分的农业工作者仍旧在开心地期望着新的、毒性更强的药物的出现。

人们花了很长时间，才意识到昆虫有抗药性这一事实，可是就昆虫本身而言，出现抗药性本不需要那么久的时间。1945 年以前，也就只知道十几种昆虫对 DDT 出现前的药物有抗性。新的有机化学物质出现，并且大量被应用，于是，抗药性发展得很是迅速，1960 年，已经有 137 种昆虫有了抗药性。所有人都知道，事情并没有这样结束。就这个课题本身而言，已经出版了 1000 多篇技术报告。世界各地大约有 300 名科学家对世界卫生组织有赞助，就这样，世卫组织发布通知：抗药性目前是对抗定向控制计划的最重要的问题。卡尔斯·艾尔通博士，是英国动物种群的著名研究者，他曾说道："现在，我们或许听到的可能正是崩溃的前期隆隆声。"

有时候，当我们在庆祝某一种化学药物可以成功控制昆虫的时候，填写的报告墨迹还没干透，就要开始修正，这足以证明昆虫抗药性发展的速度有多快。以南非为例，那里的牧羊人长时间都被蓝扁虱所困扰，每年一个大牧场里就有600头牛因此逝去。长久以来，扁虱已经对砷喷剂有了抗性。之后，人们使用了666，短时间内，似乎是很有效的。1949年的报告里就提到，这种新化学物质可以很好地控制住对砷有抗性的昆虫。然而就在第二年，不得不发布一个昆虫抗药性更加强烈的公告。1950年，一个作家在《皮革商业回顾》里对此做出了评价："倘若人们能够意识到事件的重要性，那么，像是这种科学交流泄露出来的，只在书刊中占一小部分位置的新闻，完全可以刊登在大报纸上，做出一个同原子弹一样的大标题新闻。"

虽说昆虫是林业和农业领域的问题，可公共健康领域里，也对昆虫抗性引发了焦虑和不安。昆虫和人类的疾病关系，是个很古老的问题。阿诺菲来斯蚊可以使得疾病的单个细胞进入人体血液，其他一些蚊子会传播黄热病，还有些蚊子会传染脑炎。家蝇虽然不会叮人，却会通过接触使痢疾杆菌污染人类的食物，然后在世界上很多地方传染眼疾。虱子会传染疹伤寒，鼠蚤会传播鼠疫，萃萃蝇传染非洲嗜睡病，扁虱传染各种发烧等，这些都是携带疾病的昆虫的名单。

我们一定会遇到这些问题。只要是个有责任心的人，都不会觉得对这些昆虫疾病要放任不顾。我们目前所面临的问题是：我们目前用以解决这一问题的方法，实际上是在让问题恶化，这是否是聪明的，是否是负责的？这个世界听到了很多胜利的消息：我们控制昆虫传染者，以此战胜了疾病。然而世界的另一面呢？失败的一个消息，短暂的胜利支撑着这一现状，即是说，昆虫，这个我们的敌人，因为我们所做出的努力，变得更加强大。更加糟糕的是，我们毁掉了自己的作战手段。

A.W.A. 布朗博士，是加拿大著名的昆虫学家，世界卫生组织聘请他去调查研究昆虫抗性问题。1958 年，布朗博士出版了一个总结专题的论文，其中这样描述道："公共健康计划里，引入了强毒性的人造杀虫剂，在此之后的十年内，技术问题已经演变成，昆虫对杀虫剂有了抗性，不会被其控制。"世卫组织针对布朗博士的论文，进一步警告说："目前，我们对于节足动物引起的如霍乱、斑疹伤寒、鼠疫等疾病问题的斗争，已经在逐渐退却，如果人们无法解决这个新问题，这将十分危险。"

那么，这种倒退的程度怎么样呢？其实，现在所有医学意义上的各种昆虫，都已经具有抗药性的了。看起来，黑蝇、沙蝇和萃萃蝇还未对化学物质产生抗药性，家蝇和衣虱的抗药性却已经蔓延至全球范围。蚊子对药物的抗性作用，阻止了我们征服疟疾。而最严重的发展是，传播鼠疫的东方鼠蚤已经开始对 DDT 产生抗性。世界上每个陆地和岛屿，都正报告着越来越多的昆虫有了抗性。

可以说，医学上，第一次应用 DDT 是在 1943 年的意大利。那时的盟军政府用 DDT，灭掉人们身上的斑疹和伤寒。紧接着，两年以后，为了控制疟蚊，人们大量地喷洒使用 DDT。只不过平静了一年，就出现了令人棘手的问题：家蝇和蚊子对化学药物产生了抗药性。1948 年，氯丹这种新的化学物质出现，配合着

DDT一起使用。这次的药效持续了两年。然而1950年的8月，就有了对氯丹产生抗药性的蚊子，年底时候，所有的家蝇也有了抗性。换句话说，投入的新化学物质，很快都产生了抗药性。大约1951年底，DDT、甲氧七氯、氯丹、七氯和六六六等化学药物，都已经失效，与此同时，苍蝇也异常繁多。

撒丁岛在20世纪40年代后期，也循环发生了相同的连续性事件。丹马克是1944年才开始使用DDT的，可是1947年的时候，很多地区就已经无法控制苍蝇了。1948年的埃及部分区域的苍蝇，已经对DDT有了抗性，所以人们选择BHC作为替代品，然而也只是控制了一年而已。埃及有一个村庄的事件，突出而直接地反映出了问题的所在。1950年的时候，DDT有效地控制住了那里的苍蝇，可是也就在这一年，死亡率就开始下降，幅度几乎是百分之五十，第二年，DDT和氯丹就对苍蝇完全失效了，其数量又开始增多，达到从前的数值，死亡率自然也是开始下降的。1948年的美国田纳西河谷，DDT就已经不起作用了。而其他地区也相继出现同类问题。在一些地方，狄氏剂的作用也仅仅是两个来月。人们在广泛使用了氯化烃类的药物以后，又开始使用有机磷一类，可是，抗药性还是出现了，事件又一次循环上演。对于目前的情况，专家的结论是："我们只有重新用一般的卫生措施了，因为杀虫剂已经对家蝇无效了。"

DDT最早也是最有效的成名之作，是控制了那不列斯的衣虱。几年之后，能够与这次成功相媲美的胜利之战，当属1945 ～ 1946年日本和朝鲜在冬季销毁了近200万的虱。1948年的西班牙出现斑疹伤寒的流行病，然而对于它的控制和防治却失败了，这次失败提醒着我们，未来的工作会很艰难。虽说实践失败了，可是实验室里，昆虫学家对虱子的实验却是成功的，因而他们相信，虱不一定会产生抗性，可是 1950 ～ 1951 年，朝鲜的冬季事件使他们感到震惊。一批朝鲜士兵使用了 DDT 以后，虱子反而更多更猖狂了。当他们收集了虱，开始研究才发现，剂量百分之五的 DDT 已经无法杀死虱了。从东京游民、依塔巴舍收容所，叙利亚、约旦和埃及东部的难民营中收集到的虱子，昆虫学家也做了同样的实验，结果自然也是一样的，这表明，DDT 已经无法控制住斑疹伤寒了。越来越多的国家的虱开始对 DDT 产生抗药性，包括伊朗、土耳其、埃塞俄比亚、西非、南非、秘鲁、智利、法国、南斯拉夫、阿富汗、乌干达、墨西哥和坦噶尼喀。人们最初从意大利那里看到的希望和欣喜之情已经暗淡无光了。

希腊的萨氏按蚊是第一种对 DDT 有抗药性的疟蚊。1946 年的时候，希腊广泛使用 DDT，最初是有成效的，3 年以后，研究者就察觉到，大批成年蚊子出现在道路桥梁下，而不是被困在喷洒了药物的马厩和房间。慢慢地，蚊子停息的地盘扩大到了洞穴、外屋、阴沟及树干等。显而易见的是，成年蚊子已经对 DDT 有抗药性了，它们可以逃出喷洒了药物的房屋，飞到露天之地歇息，几个月后，甚至可以留在房间内的墙壁上。

这种情况是事态严重的前兆。疟蚊的抗药性出现得越来越快，然而这些药物，本身是为了彻底消灭他们而生产的。1956 年的时候，有 5 种疟蚊展现出抗药性，只不过 4 年的时间，具有抗药性的疟蚊数量已经上升到28种！非洲西部、中美、印度尼西亚和东欧地区，一些很危险的疟疾传播者也在这28种里面。

其他蚊子传播着其他的疾病，可是情况却是相同的。有一种热带蚊子，它携带了和橡皮病有关的寄生虫，然而在世界许多区域内，已经无法用药物控制它了。美国一些地方，传播马疫脑炎的蚊子也已经失去了控制。更加可怕的问题是，几个世纪的大灾难——黄热病，传播这种疾病的蚊子已经在东南亚区域出现了抗药性，目前为止，加勒比海区域整体都是这样的现象。

世界各地都有报告显示，昆虫拥有抗药性对于疟疾和其他疾病来说有什么影响。1954年的特利尼代德，暴发了黄热病，其原因就是人们控制病源蚊子失败了。印度尼西亚和伊朗地区，疟疾又开始泛滥。希腊、尼日利亚和利比亚地区，蚊子隐藏起来悄悄传播着疟原虫。

在佐治亚州，人们曾经控制住了苍蝇，以此来减少腹泻病的发病概率，可是一年的时间内，这些努力和成就就已失效。埃及虽然短暂地控制住了苍蝇，降低了急性结合膜炎的发病率，可是1950年以后，就无法控制了。

佛罗里达的盐化沼泽地蚊子开始有了抗药性，如果从人类健康角度来说，这件事并不太重要，可单就经济价值来说，还是很令人苦恼的。即便这些蚊子不会传染疾病，可是它们成堆地飞出，吸取人体血液，使得佛罗里达海岸边很大一片区域内都没有人居住。等到人们艰难而短暂地控制住了以后，这片无人区才渐渐开始改变，可是这种短暂的成果又失效了。

很多村庄都是定期喷洒大量药物的，而普通家蚊具有抗药性的情况，应该使得他们停止了这一做法。意大利、以色列、日本、法国和包括加利福尼亚、俄亥俄、新泽西和马萨诸塞州等美国部分地区，蚊子对于强力杀虫剂有了抗性，而其中，DDT 是最常用的一种杀虫剂。

还有一个问题，就是扁虱。传播脑脊髓炎木扁虱，近期已经出现了抗药性，褐色狗虱也可以完全地抵抗住药物的作用了。这种情况的出现，对于人类和狗类来说都是个问题。褐色狗虱是亚热带的生长物，因而在类似新泽西州这种寒冷区域时，只能在一个温度相对暖和的地方度过冬季。J.C. 派利斯特，是美国自然历史博物馆的，1959 年夏，他的报告显示：展览部接到过很多从西部中心公园附近居住区人们打来的电话。他说："房屋时常会传染上幼扁虱，而且是一整片的，还很难除掉。狗狗也会在中心公园突然就染上扁虱，接着扁虱开始产卵，从屋子里孵化出来。由此可见，DDT、氯丹等药物已经无法控制它们了。以前纽约市难以见到扁虱，可是现在，它们漫布在整座城市和长岛、西彻斯特，甚至是康涅狄格。近五六年期间，我们必须特别注意的就是这个问题。"

德国蟑螂在北美地区十分繁多，然而它对氯丹也已经有了抗性。曾经，氯丹是人们杀虫的绝佳武器，而现在他们只能依靠有机磷。可是，昆虫在不断地产生抗药性，对于灭虫者来说，有一个难题摆在他们面前，即下一步，要怎么走？

昆虫的抗药性不断地在提升，灭虫者迫不得已，只能用一种杀虫剂替代另一种，以此来解决目前的问题。可是，化学家如果没有发明出新的药物，这样的手段是无法进行的。布朗博士曾经说道，现在的我们，在一条单行道上行驶着，任何人都不知道路程有多远，倘若我们不能在死亡这个终点到来之前，去控制住那些会传播疾病的昆虫的话，我们的生存处境其实会更加艰难。

农业昆虫中，有十几种对早期的无机物化学药物，产生了抗药性，现在的话，应该加上这一大群对于DDT、BHC、六氯联苯、毒杀芬、狄氏剂、艾氏剂等药物有抗性的药物，甚至人们曾经期待万分的磷，也被列在了其中。1960年的时候，那些会破坏庄稼地可是又有抗药性的昆虫的数量，已经高达65种。

1951年的美国，农业昆虫第一次出现对DDT有抗药性的情况，距离人们第一次使用DDT来灭虫，大约过去了6年。鳕蛾大概是最难控制的吧，事实上，全世界苹果种植区域的鳕蛾，对于DDT都已经产生了抗药性。同时，白菜昆虫也开始有了抗药性，人们必须面对这个严峻的问题。马铃薯昆虫也在美国部分区域开始失控。6种棉花昆虫、各种吃稻木虫、水果蛾、叶蝗虫、毛虫、螨、蚜虫、铁线虫等，越来越多的虫子，对于喷洒的化学药物已经无所畏惧了。

化学工业部门，对于昆虫出现抗药性这一事实，不愿意承认和面对，也许可以理解他们，毕竟这件事让人很苦恼。1959年的时候，100种主要昆虫已经对化学药物有了抗性，毕竟表现得十分明显。而就是这样的时刻，有一家农业化学刊物，提出了这样的问题："昆虫的抗药性，到底是真的，还是想象？"可是，就算化学工业部门怀揣着希望，转身之后，这个问题依旧存在，同时，化学工业部门也要面临令人不快的经济支出的现实。其中一个现实便是：为了控制昆虫而使用的化学物质的支出费用在升高。人们已经不提前大量地储备杀虫剂了，因为一种化学药物，在今日也许是很有药效的，然而明天就可能失效。

昆虫的抗药性又一次证明了，用暴力的手段对待自然，是没有用的，所以自然而然的，投资和宣传杀虫剂的财政资金就会被取消。当然，科技不断在飞速发展，必定会为杀虫剂创造出新的使用方式，可是看情况而言，昆虫依旧会无所畏惧地存在着。

在原始种群里出生的很多昆虫，在其身体结构、活动以及生理等许多事情上都会有不同，其中，只有那些强势的昆虫可以产生抗药性而活下来。这个抗性的产生过程，是说明达尔文自然选择论的最好例子。

化学喷洒剂只是杀死了弱小的昆虫，那些顽强的昆虫，具有抵抗毒害性的天赋，它们存活下来，繁殖出新一代昆虫，这些昆虫通过简单的遗传功能，就有了天然的抵抗性。这种情况所造成的结果，是无法避免的，即是说，人们就算用上了最强烈的化学药物，也只能是让从前的问题变得越来越糟。几代的传承以后，昆虫的群体，就从以前抗性强弱的混合组合，变成了具有抗性的单一群体。

人们不完全了解昆虫抵抗化学药物的方式，可是昆虫的抵御方式可能已经进行了多次变化。有人说，那些不受化学药物控制的昆虫，是因为先天的身体条件，可是并没有实际证据去支持这种说法。布利吉博士曾经做过实验，而一些昆虫种类所具有的抗药性确实被发现，呈现得很明显。博士的报告里说道，丹马克的佛毕泉害虫控制研究所曾经观察到，很多苍蝇在喷满 DDT 的屋子里欢快地飞行，就像从前的男巫，欢快地站在烧得红通通的炭块上跳跃一般。

世界各地都有类似的报告出现。马来亚的瓜拉鲁木婆，第一次发现那些蚊子对 DDT 有抗药性，而这种抗药性出现后不久，蚊子就已经可以在充满 DDT 的区域随意停歇了，打着手电筒就可以清晰地看见它们。除此以外，在台湾南部的一个兵营里，存在着 DDT 粉末的地方，发现了具有抗性的臭虫样品。实验室的臭虫，在满是 DDT 的布包里存活了一个月之久，并且产卵，而小臭虫还长大长胖了。

虽然情况是这样的，可昆虫有抗药性并不完全是因为身体的结构。苍蝇体内有一种酶，可以把 DDT 降解成为 DDE，显然，DDE 的毒性很小，所以这也是它们对 DDT 有抗性的原因。而这种酶，只会出现在那些遗传了 DDT 抗性的苍蝇体内。显然，抗药性的元素也是遗传的。可是为什么有机磷对于苍蝇和一些昆虫也不起作用，这个问题目前还是个谜。

昆虫的部分活动习性，其实也可以让它们保持和化学药物的距离。很多工作人员都发现了一个现象：有抗药性的苍蝇一般都爱停留在没有喷过药物的地面，而不是喷洒过药物的墙壁。这些有抗性的苍蝇或许是有固定的飞行习性，所以习惯性地停留在一个地方，也就减少了和 DDT 以及残留毒物的接触频率。一些疟蚊的习性，使得它们很少在有 DDT 的区域暴露，这也就使得自己免受毒害，喷药刺激它们远离屋子，以至于在屋外生存得很快活。

一般情况下，昆虫需要两三年的时间，才会产生抗药性，虽然也有那种在一季度或更短时间内就产生抗性的。还有一种要 6 年才会有抗性的极端情况。昆虫一年内繁殖几代，这是个重要的问题，它与种类、气候等有关系，并且受其影响。比如说，同样是苍蝇，加拿大的就比美国南部的要慢。美国南部长时间的炎热夏季，使得昆虫的繁殖速度增加。

人们偶尔会带着些期待，提出这样的问题："昆虫都可以对化学毒物产生抗性，为什么人类不行？"单单从理论上来说，是有可能的，可是人类若是要产生抗性，需要几百年或几千年的时间，所以活着的人实在不用对人类会有抗性的事情抱有希望。抗药物不是个体生物才有的物质。倘若一个人出生就自带抗性，以至于他人更难中毒，那么他一定会很容易存活，生儿育女。所以，抗性是一个群体经过多个时代的变迁而产生的物质。人类的繁衍速度，基本是一世纪三代，而昆虫产生下一代却只需几星期，甚至是几天。

布里吉博士曾在荷兰任职植物保护服务处，作为指导者，他曾说，对于昆虫于我们的伤害，多少是要忍受着点的，这比不断地用个汇总方式去消灭它们要来得明智，因为消灭只能求得一时的安稳。他也曾忠告人们："实践告诉我们，要尽量少喷药，不是多喷药，给害虫的喷药，大体来说是应该减少的。"

可是，美国相关农业服务处并没有重视这个忠告，这也是悲哀之处。1952 年，农业部专门研究昆虫问题的部门，在其年鉴里承认了昆虫有抗药性的事实，可他却补充道："还需要更多的杀虫剂去控制昆虫。"农业部没有提过，倘若那些杀虫剂在毁灭昆虫的同时，还具有毁灭世间所有生物的能力，后果会是怎样。可是在博士提出忠告之后的十年，也就是 1959 年，康涅狄格州一个昆虫学家，在《农业和食物化学杂志》中说道，最后可以使用的新化学药物，起码已经在一两种昆虫身体喷洒过了。

布里吉博士说："目前，我们走在危险之路上，这是明显而清楚的事实。我们被迫在其他控制领域去花大量的时间和精力进行研究，而这种新的方式不是化学，而是生物学。我们的目的只有一个：小心翼翼地把自然变化过程引向我们所期望的方向，而不是一味地使用暴力手段……”

“从众多的研究者身上，我看不到高度理智的方针和远大的目光，而这两种，正是我们所需要的东西。生命是个奇迹，它超出了我们的理解范围，以至于就算我们要和它做斗争，还是对它心存敬畏……我们的知识是匮乏的，所以才会一味地依靠杀虫剂去消灭昆虫，自身的能力有限，才会无法去掌控这个自然变化过程，所以暴力手段并没有什么成效。对待科学的态度，永远是谦虚和谨慎的，我们没有骄傲自满的理由。”

另一条路

现在摆在我们面前的是两条完全不同的道路，人们熟知罗伯特·福罗斯特的诗句中所提到的“道路”，可这与目前的道路是相异的，而我们的位置恰好又是交叉路口。长期以来，我们行驶的道路，给了我们一个错误的认知，让我们误以为这条路平坦、舒服，可以毫无顾忌地高速前行。然而事实上，这条看似平坦的道路，却是一条灾难之旅。而另一条路，也就是岔路口的另一边，一条人迹罕至的道路，却保住了我们的地球，并且是唯一的机会。

说到底，还是需要我们自己做一个抉择。倘若，我们在长时间的忍耐以后，终于相信自己有知晓权；倘若，我们提高了自己的认知能力，判断出自己被要求做的事情，是个愚昧而恐怖的冒险的话，当有人在我们的世界喷洒化学药物，使得它充斥在整个世界，我们或许一辈子都不会再听这些人的劝慰。我们要放眼四周，看清楚还有什么路程和方向是行得通的。

的确，控制昆虫的方法，除了使用化学物质以外，还有很多可以替代它的方式。这类可替代的方法里，其中一部分已经应用于实践，且很有成效；有部分还在实验阶段；还有一部分到目前为止只不过是一种想法，科学家脑海里的一种大胆设想，正在等待着被实验证明。这所有的方法都是生物学领域的事物，这也是它们的共同点。我们对于活的有机体，以及我们赖以生存的生物世界构造有所理解，在此基础上，才产生了这些控制昆虫的办法。昆虫学家、病理学家、遗传学家、生理学家、生物化学家、生态学家，这些都是生物学这个大范围内，不同种类的专家代表，而目前，他们正在把自己的知识和智慧奉献在生物控制这个新科学里。

约翰·霍普金斯，也是生物学家之一，他曾说："科学就像河流，每一门科学，就是一条河流。最初的它隐约而沉寂，时而安静流淌；时而奔流到海不复还；时而干涸；时而水涨。因为很多研究者的辛苦成果，或是其他支流思想的补充，它有了不断前进的势头，慢慢地，那些不断发展的概念和总结，将其变得更深更宽。"

约翰·霍普金斯的说法，和生物控制科学目前的发展情况相符合。一个世纪以前，美国的生物科学就开始隐约地产生发展。那时候，人们第一次试着去控制那些让农民头疼不已的天然有害昆虫，这种努力一开始有些缓慢，甚至会停滞不前，可是时不时的，会出现令人欣喜的成就，因而它就这样不断地向前发展着。20 世纪 40 年代，新兴的杀虫剂出现，那些从事应用昆虫学工作的人，就被弄得晕头转向，从而抛弃生物学方式，脚步转向化学控制上。此时，生物控制科学这条河流，处于干涸阶段，自然而然的，为了使世界不再被昆虫所害的远大理想和目标也就渐渐消失了。而如今，我们曾经无所顾忌地使用化学药物，使得我们面临着比昆虫更大的威胁，生物科学又因为新思想的汇集而恢复生机，奔流起来。

希望可以让昆虫被自己的力量趋向侵害，从而走上灭亡之路，这是最让人兴奋和热衷的方式。取得的成就中，最让人赞叹不绝的，是“雄性绝育”技术的出现。爱德华·克尼普林博士，是美国农业部昆虫研究所的负责人，他和同事一起合作发明了这种新技术。

克尼普林博士，在大约25年前，提出了一种独特新方法，去控制昆虫，而这让同事们都震惊不已。他的理论是：倘若我们能够让昆虫不生育，然后将这些不育的昆虫释放到正常昆虫群里，它们打败野生雄性昆虫，与雌性昆虫结合。这样反复之后，可能昆虫会无法产卵，如此一来，种群也就灭绝了。

克尼普林博士的想法没有引起官僚主义的重视，连科学家也抱着怀疑的态度，可他自己仍旧坚信着。要实验这种想法，首先要找到一种可以使昆虫绝育的方法。理论上来说，1916年人们就知道了，X射线照射昆虫，可能导致昆虫不育。那时候，昆虫学家G.A.兰厄报道过烟草甲虫不育的现象。到了20年代末期，荷曼·穆勒开创了X射线引发昆虫基因突变的新思想。20世纪中叶，很多研究人员都报道过，经过X射线或伽玛射线的照射作用后，有十几种昆虫出现了不育现象。

但这些都只是实验性的，还从未实践应用过。克尼普林博士大约是在1950年时开始试验，把不育性的昆虫当作新的武器，去消灭螺丝蝇，一种生活在美国南部的主要家畜害虫。螺丝蝇把自己的卵产在受伤或流血的动物的伤口上所孵出来的幼虫，其实是一种寄生虫，主要依靠寄宿主的肉体作为食物而存活。不到10天的时候，一头成熟的小公牛就会因为感染而死去，美国因为这样的情况而死去的牲畜很多，预估每年大概是4000万美元的损失。野生动物的损失虽然很难估计，不过能够肯定的是，这笔损失也是不小的。在得克萨斯州，有一部分区域，就是因为螺丝蝇的出现，鹿的数量就变得稀少了。这种生活在南美、中美和墨西哥的热带、亚热带昆虫，一般都局限在美国的西南部。可是约莫 1933 年时期，它们突然出现在了佛罗里达州，在那里，它们可以挨过冬季，并且建立种群。亚拉巴马州南部和佐治亚州，甚至都受到了它们的侵害，渐渐地，东南部各州也开始出现巨大损失，每年高达 2000 万美元。

得克萨斯州农业部的科学家在几年之内，就已经搜集到了大量和螺丝蝇的生物学有关的资料。克尼普林博士 1954 年在佛罗里达岛上做了些试验性的现场实验以后，打算更大范围地去进行实验，证明自己的理论。和荷兰政府协议商量好以后，博士来到加勒比海里的库拉索岛，这里和大陆起码相距 50 海里。

博士 1954 年 8 月，在佛罗里达州进行的实验，培养和处理了大部分不育的螺丝蝇，博士将它们空运到库拉索岛上，用飞机以每星期 400 平方英里的速度撒播出去。与此同时，那些曾经在公羊身上产卵的数量群体马上就减少了。在这次喷洒行动以后，短短 7 个星期，昆虫产下的卵就成了不育性的。很快，人们就找不到卵群了，无论是正常的，还是不育的，库拉索岛上的螺丝蝇的确被彻底消灭了。

库拉索岛的实验取得了成功，其胜利的消息瞬间传播，佛罗里达州蓄养牲畜的人们，也想要用这样的方式去控制螺丝蝇。虽然佛罗里达州面积是库拉索岛的300倍，实施起来会比较困难，但 1957 年的时候，美国农业部就联合佛罗里达州，一起出资去支持消灭螺丝蝇的行动。计划分为很多步骤，先是建立专门的“苍蝇工厂”生产不育苍蝇，每周大约 5000 万个；然后使用 20 架轻型飞机按照原定计划的飞行路线每天飞行 5 ～ 6 个小时，并且每架飞机上有 1000 个装满了 200 ～ 400 个接受过 X 光照射的螺丝蝇的纸盒。

1957 ～ 1958 年那年的冬季，佛罗里达州北部十分寒冷，对于实施计划来说，是个有利的天然条件，严寒的到来，使得螺丝蝇的种群数量减少，且集中在小范围内。曾经，计划的是人工培育 35 亿只不育螺丝蝇，将它们全部撒向佛罗里达州及佐治亚和亚拉巴马地区，整个计划大约需要 17 个月。大约是 1959 年的 1 月，动物伤口传染病因是螺丝蝇的情况已经是最后一例了。之后的几个星期里，螺丝蝇被成功消灭，消失殆尽，无影无踪。美国东南部，消灭螺丝蝇的任务完美结束，这证明了科学发明的价值，以及严密基础研究和人的毅力决心的重要性。

而在密西西比，已经设立了屏障，以防西南部的螺丝蝇再闯入东南地区，并且已经将西南部的螺丝蝇严密地圈禁起来。不过西南部面积广大，还随时可能面临从墨西哥飞来螺丝蝇的危机，因而计划的实施很艰辛。虽说事实如此，但事态严峻，美国农业部也想要先把螺丝蝇的数量控制在一个较低的水平上，所以很快就在准备对得克萨斯州和西南部螺丝蝇较多的地方实施计划。

控制和消灭螺丝蝇的成就，使得人们想要将这种方式应用到其他昆虫种类中。不过不是所有昆虫都适用于这种方法，很大程度上，昆虫本身的生活细节、习性、种群、放射性反应等，对技术的实施是有影响的。

英国人期望着这个技术可以消灭掉罗得西亚的萃萃蝇，所以已经开始进行试验。这类昆虫占据了非洲三分之一的土地，威胁着人体健康，也威胁着450万平方英里树木繁茂的草坪上那些人们饲养着的牲畜。虽说萃萃蝇在放射性的作用下，也可以变得不育，可它习性不同于螺丝蝇，要实施这项技术前，还要解决一些问题。

英国科学家对很多昆虫都做过放射性感受的实验。美国科学家这边，在夏威夷进行过西瓜蝇室内试验，也在罗塔岛野外进行过地中海果蝇的实验，其结果都比较好。另外也试验过两种穿孔虫——对谷物和甘蔗。实验的结果表明：有医学重要性的昆虫可以用不孕的方式控制。智利一位科学家说："会传播疟疾的蚊子，目前已经无法用杀虫剂控制，并且还不断地在其他国家中活跃，只有投放不育的雄蚁，才可以彻底消灭蚊子。"

因为放射性不育的方法十分困难，所以人们目前正处在化学不育剂的兴趣峰值，力求可以做到替代放射性而又有同样的效果。

佛罗里达州，奥兰德农业部的科学家正在尝试把化学药物混入食物，使得家蝇不育。1961年的吉斯岛实验，在短短五个星期的时间里，就让家蝇消灭。虽说最后有邻近的家蝇侵入，继续繁殖，但不得不说，这个先导性的实验是成功的。我们可以很明显地看见，很多地方的家蝇都无法再用杀虫剂控制了，所以毋庸置疑的是，我们需要找到新方法去控制家蝇，因而完全可以理解农业部对这种方法的产生的兴奋和激动。放射性实验创造不育昆虫的问题在于：我们要人工培养比野外更多数量的昆虫。这对于本身基数不多的昆虫来说，是不难做到的，例如螺丝蝇。可是，对于象蝇这种家蝇来说，要突然增加本身的两倍之多的数量，是会被人反对的。而有种化学不育剂，能和昆虫平日的食物混合，引入家蝇生活的环境里，当它们吃过这些饵料，就不能够生育，渐渐地，不育的昆虫占了主导地位，这类的昆虫也就消失了。

就算有多个实验同时进行，评价一种化学物质也需要一个月时间，所以做化学物质不育效果的实验，困难性比化学毒性实验还要高。1958 年 4 月到 1961 年 12 月期间，奥兰德实验室已经筛选了几百种可能导致不育效果的化学物质。农业部很开心，在这些化学物质中看到了希望。

目前，农业部其他实验室也都在研究和实验这个问题，它们用化学物质去消灭马房苍蝇、蚊子、棉子象鼻虫和各种果蝇。虽然还全是实验阶段，但是对于研究化学不育的几年时间而言，已经是个很大的突破。从理论上讲，它有很多特性可以吸引人。克尼普林博士说，一种有效的化学昆虫不育剂，或许会比现今最好的杀虫剂的效果要好，我们可以想象这样的画面：100 万只昆虫的群体里，每一代增加的数量是 5 倍，倘若杀虫剂可以杀死每一代的百分之九十，那么到了第三代，就还剩下 125000 个昆虫；而如果一种化学物质要是可以使得 90 只昆虫不育，到了第三代，数量只有 125。

不过这种方法也有个坏处：化学不育剂中有部分强烈的化学物质。不过幸运的是，早期研究阶段里，有很多研究者留心观察，并去发现安全的药物以及使用方法。不过，很多地方都有人要求从空中喷洒这些化学不育剂，如同给被吉卜赛蛾幼虫嚼咬的叶子喷洒药物一样。然而在未能研究透彻这种方法带来的后果之前，从空中喷洒的做法是很不负责的。因此，我们一定要在头脑里牢记化学不育剂的潜在危害性，否则将来遇见的问题会比杀虫剂带来的问题更大。

现在正在实验的不育剂有两类，且其作用方法等都很有趣。第一类和细胞生活过程，或者说是新陈代谢有关系，也就是说，它们的性质和细胞、组织需要的事物相似，导致有机体误以为它们只是新陈代谢之物，还在生长过程里去结合它们。可是也只是相似，所以在某些细节上是不对的，因而细胞过程就暂停了。这样的化学物质就是抗代谢物。

第二类物质或许会影响基因物质，引起染色体分裂。这一类物质被称作烃化剂。一种能够很强烈地破坏细胞的厉害化学物质，可以危害染色体，引起基因突变。皮特·亚历山大是英国伦敦彻斯特·彼蒂研究所的博士，他指出：“可以使得昆虫不育的烃化剂，也可能成为致癌物或致变物。”博士深感这种化学物质会成为昆虫控制里遭人非议的物质，因此，人们最期望的，就是可以通过研究这些特殊的化学物质，由此引导出安全的、专治某种昆虫的方法，而不是直接把化学物质应用到实践中。

目前的研究里，有些思路是很有意义的，例如，发现昆虫的一些生活特性，并以此来发明一些消灭昆虫的武器。因为昆虫本身是可以分泌一些毒液、引诱剂和驱斥剂的，所以我们可否分析这些分泌物的化学本质，并以此作为杀虫剂使用呢？考涅尔大学的科学家，和其他很多科学家都在破解这个问题。他们正研究昆虫的自我保护机制，并分析分泌物的化学本质。另外有些科学家在研究一种有效力的物质——“青春激素”，这种物质可以使得幼虫生长期间发生突变。

或许，科学家研究昆虫分泌物时，最有效的结果是创造出了引诱剂，也就是吸引剂。大自然再一次给了人们一条前进的道路。吉卜赛蛾就是一个很好的例子。它是一种雌蛾，因为身体笨重而无法飞翔，只能生活在地面或接近地面的地方，只能在低矮植物中扇动翅膀，最多只能爬上树干。雄蛾则与之相反，雌蛾体内一种特殊腺体释放出的气味，可以吸引雄蛾从远处飞来，所以它们擅长飞翔。科学家辛苦地从雌蛾体内提取了引诱剂，很多年来都是利用这种现象来控制昆虫。那时候，这种方式是用来在昆虫分布区域诱捕雄蛾的，并且毫不顾忌东北各州昆虫蔓延的实际情况，所以根本就没有那么多雌蛾来供人们提取引诱剂，最后不得不从欧洲进口，而每只雌蛹的价格高达半美元。不过经过了多年的不懈努力，农业部的科学家最终还是成功地分离出了引诱剂，这已经是个相当大的进展。与此同时，科学家还成功地从海狐油组分中制备出了类似的合成剂，这类物质不仅具有天然的性引诱剂能力，骗到了雄蛾，并且只需要一毫克，就可以成为有效的诱饵。

这些都已经超过科学研究本身的意义，因为这种“吉卜赛蛾诱饵”经济、新颖，在昆虫的调查和控制工作中都可以得到应用。而现在也正在试验一些具有更强大引诱力的物质。这种引诱剂被做成微粒状，通过飞机进行散布，或许这是种心理战实验。雄蛾会被这种引诱气味所迷惑，以至于无法找到真正的雌蛾，而我们的目的就是改变它的行为。进一步的实验是尽力让雄蛾受到迷惑，而去和假的雌蛾结合。实验室里的雄蛾已经开始出现试图与一些被灌入引诱剂的无生命物体交配。这种利用昆虫本身的求偶习性，而使得昆虫绝育，从而减少实验的种群残留，也是个有趣的可能性。

吉卜赛蛾饵药是人工制成的引诱剂，而目前，针对其他的农业昆虫的引诱剂，也正在创造之中。对海森蝇和烟草鹿角虫的研究已经有了好消息。

目前，人们正尝试着将引诱剂和有毒物质混合起来，用于治理某些虫类。就职于政府部门的科学家发明了甲基丁子香氛引诱剂，这种引诱剂对东方果蝇和西瓜蝇有极佳的效果。1960年，有人在日本南部的波宁岛上做了一个实验，他们将甲基丁子香氛引诱剂和一种有毒物质混合在一起，然后将大量的小纤维板浸泡其中，接着，他们通过空撒将这些纤维板散布至全岛各处，以此诱杀雄性飞蝇。这项“消灭雄蝇”的计划在一年后初见成效，据农业部统计，超过百分之九十九的飞蝇已被消灭。这种杀虫方法显然比单纯使用杀虫剂要有效得多。要知道，那些有毒的有机磷成分实际上只存在于纤维板上，而其他野生生物对这些纤维板并不感兴趣，不会以此为食；同时，纤维板上残留的毒素会很快消散，不会污染土壤和水体。

当然，在昆虫世界中，“相互联系”并不全是通过气味来实现，声音也能起到吸引和警告的作用。在飞行过程中，蝙蝠会不断发出超声波，而某些蛾类恰好能够听见这种频率的声波，这样一来，它们有幸可以逃离危险。寄生蝇在飞行时振动翅膀的声音，对于锯齿蝇幼虫而言，是一个严重警告。这些幼虫听到这种声音后，会迅速集结起来进行自我保护。另外，树丛间的昆虫若是发出声音，便会引起寄生生物的注意；雌蚊的振翅声可以引诱周围的雄蚊。

那么，为什么昆虫能够分辨声音，并及时做出反应呢？研究者正在进行这方面的实验研究，不过就已知的一切来说，已经很有意思了。人们录下了雌蚊振翅声，然后循环播放，随后雄蚊被引诱过来，毫无防备地撞到了电网上，当场毙命。在加拿大，研究者用突发的超声波成功驱赶了穿孔虫和夜盗蛾。夏威夷大学的修伯特·弗令斯和马波尔·弗令斯都是动物声音研究领域的权威人士，在他们看来，如果人类可以掌握更多关于昆虫声音的自然知识，比如声音的产生和接收，那么就一定能够用声音来影响昆虫行为。他们发现，当燕八哥听到所播放的同类的惊叫声时，会惊慌失措地四散飞走。事实上，这个发现让某些理论有了可能性。对于工业制造商而言，这种可能性并不难实现，据我所知，目前至少已有一家大型电子公司正在筹备昆虫实验室。

人们正在通过各种实验来证明声音可以成为一个直接且有效的灭虫方式。在实验水域中，人们用超声波灭杀了全部孑孓，不过同时也造成了其他水生生物的死亡。另外，人们借助超声波可以在短短几秒内灭杀一定范围内的绿头苍蝇、麦蠕虫和传播黄热病的蚊子。这些实验都是为了开发治理昆虫的全新方法，但这只是第一步，在未来，电子学会让这些方法得以实现。

当然，这些生物控制的新方法并不单纯依赖于电子学、伽马射线以及其他人类发明。在这些方法中，有些方法其实由来已久，它们的依据主要是：昆虫也会向其他生物一样患病。在古代，鼠疫不但会严重危害人类，也会给昆虫种群带来毁灭性打击。在鼠疫病毒暴发的时期，昆虫种群会因大量染病而消亡。昆虫也会生病，这个知识早在亚里士多德所处的时代之前就为人所知了。我们在中世纪的诗歌中可以看到对“蚕病”的描述，而且正是通过对“蚕病”的研究，巴斯德才洞察到了传染病的致病原理。

昆虫不仅会因为感染上病毒和细菌而生病，而且还无法抵御很多真菌、原生动物和微型蠕虫等微生物。我们很难通过肉眼观察到这些微生物，但无疑它们是人类的天然盟友。这些微生物参与了不计其数的生物学过程，它们可以致病、参与发酵和消化，还可以消解垃圾和增肥土壤，等等。由此可见，在控制昆虫这件事上，它们当然也有发言权。

19 世纪的动物学家伊里·梅契尼柯夫是第一个提出“微生物控制”理论的人。从 19 世纪末至 20 世纪初，微生物控制理论逐渐成形。人们开始在某种昆虫的生存环境中投放致病微生物，以此来治理该类昆虫。在 20 世纪 30 年代末，人们初尝了胜利的滋味。在治理日本甲虫时，人们利用了牛奶病。牛奶病的病原体是一种杆菌类孢子。如前文所说，很长一段时间以来，美国东部的人们都在利用杆菌类孢子防治昆虫。

如今，人们对另一种细菌——萨林吉亚杆菌寄予厚望。1911 年，萨林吉亚杆菌被发现于德国的萨林吉亚省，它让当地的粉蛾幼虫患上了败血症。这种细菌的作用形式并不是引发疾病，而是导致中毒，可见其杀伤力有多么强。当这种细菌落在茂盛的植物枝叶上后，在形成孢子的同时，还会形成一种奇特的蛋白质晶体。对于蛾类幼虫和蝶类幼虫而言，这种晶体的毒性非常强大。幼虫一旦吃下带有这种细菌的叶片，不久之后便会全身麻痹，无法进食，迅速死亡。就实用性而言，阻止进食是极为有效的。人们将这种细菌施用于农田，很快便发现，农作物的生长恢复了正常。目前，一些英国公司已经开始生产含有萨林吉亚杆菌孢子的混合物，并注册了各种各样的商标。在另一些国家，研究者还在进行野外试验。在德国和法国，这种细菌被用来治理白菜地里的蝴蝶幼虫；在南斯拉夫，它被用来治理纺织品中的蠕虫；在苏联，它被用来治理帐篷里的毛毛虫。1961年，巴拿马的香蕉种植者开始利用这种细菌来对付穿孔虫。在当地，大量香蕉树的根部被穿孔虫破坏，只要风一吹，这些树就倒了。在过去，对付穿孔虫的化学药剂只有狄氏剂一种，但是各种灾难因它而起，并导致了连锁反应。穿孔虫又开始大量出现。在狄氏剂的作用下，很多重要的捕食性昆虫在当地消失了，在这种情况下，卷叶蛾开始大量繁殖。这种蛾类体型较小，外壳坚硬，其幼虫会啃食香蕉皮。现在，人们更加信赖这种细菌杀虫剂，因为它不仅可以灭除穿孔虫和卷叶蛾，还不会破坏自然平衡。

在加拿大和美国东部地区，人们开始使用细菌杀虫剂来对付森林里的蓓蕾蠕虫和吉卜赛蛾。1960年，这些地区的人们进行了相关的野外实验，而此时的萨林吉亚杆菌已经成为商业制品。实验结果令人欣喜，譬如在沃蒙特地区，这种细菌杀虫剂的效果堪比DDT。如今，我们所面临的最大的技术难题是：找到一种合适的溶剂，以便让细菌孢子附着在常绿植物的枝叶上。当然，对于农作物而言，操作相对简单，只需使用粉剂就好了。在加利福尼亚州，人们已经开始尝试着在蔬菜种植中使用细菌杀虫剂。

在对细菌进行研究的同时，还有一项研究显得非常低调，那便是对病毒的研究。在加利福尼亚的广阔草原上盛放着美丽的紫苜蓿，在此之前，这里被全面喷洒过一种物质。这种物质灭除了紫苜蓿花田中的毛虫，其效力堪比其他任何杀虫剂。事实上，这些物质提取自患病毛虫的体内，属于病毒的一种，也就是说，那些毛虫感染了此种病毒，并最终走向死亡。每5只患病毛虫所提供的病毒，能治理将近一英亩紫苜蓿花田。在加拿大的部分森林，人们用病毒替代了杀虫剂，以此对付破坏松树的锯齿蝇，效果十分显著。

在捷克，科学家正在研究原生动物的治虫效力，目前实验的对象主要是纺织品中的蠕虫；而美国的研究者则发现，一种寄生性原生动物可以有效破坏穿孔虫的产卵能力。

当然，会有人担心，微生物杀虫剂是否会让其他生物陷入危险，比如受到细菌侵害。事实绝非如此。和化学物质相比，这些病菌的目标对象是极为明确的，并不会对其他生物造成危害。正如昆虫病理学界的权威人士爱德华·斯登豪斯所说："还没有确切的材料可以证明，昆虫病菌会导致脊椎动物感染上传染病，在实验室中如此，在大自然中亦是如此。"昆虫病菌只能各自对付很少的昆虫种群，甚至只能对付一种。在斯登豪斯看来，在大自然中暴发的昆虫疾病，只会被限制在昆虫世界里，而不会对宿主植物，或是吃了虫子的其他动物造成伤害。

每种昆虫的天敌其实都有很多，包括多种微生物和他种昆虫。在生物学上，首个治理昆虫的办法便是：刺激其天敌的发展。1800年，艾拉斯姆斯·达尔文首次提出了这一理论。用一种昆虫克制另一种昆虫，也是第一个被实践证明可行的治虫方法，当然，这也让很多人误认为，它是取代化学药剂的唯一办法。

从1988年开始，生物控制在美国逐渐成为常规的治虫方法。那一年，昆虫学的创始人阿伯特·柯耶贝尔来到澳大利亚，其目的是寻找会破坏绒毛状叶枕的介壳虫的天敌。当时，加利福尼亚的柑橘种植深受其害。如我们所知，阿伯特·柯耶贝尔的研究取得了巨大成功。20 世纪以来，为了治理那些擅闯海岸的昆虫，美国在全球范围内搜寻着其天敌，截至目前，已经引进了 100 种左右的捕食性昆虫和寄生性昆虫。譬如从柯耶贝尔引进的维多利亚甲虫等，效果都异常显著。在从日本引进了一种黄蜂后，东部苹果种植区里的虫灾得以有效控制；在从中东引进了蚜虫的天敌后，加利福尼亚的紫苜蓿花田终获了新生，尽管这一次的引进多少有些意外成分。细腰黑蜂抑制住了日本甲虫的数量，在捕食性昆虫和寄生性昆虫的共同努力下，吉卜赛蛾也不再嚣张。在介壳虫和水腊虫得到有效控制后，加利福尼亚州每年的支出将减少数百万美元。根据昆虫学界权威专家波尔·迪伯奇的估算，加利福尼亚州在生物控制方面所投入的资金为 400 万美元，而所得回报已高达一亿美元。

目前，全球 40 余个国家已经通过“引进天敌”的方式有效治理了严重虫灾。显然，和化学控制方法相比，这种生物控制方法更胜一筹：不仅经济实惠，而且效果持久，更不会留下任何有害物质。尽管如此，生物控制方法的研究依然步履维艰。就美国而言，除了加利福尼亚州之外，其他州并没有对生物控制做出合理规划，甚至没研究生物控制的昆虫学家。这或许是因为，我们还没有办法从科学的角度，对生物控制方法做出严谨的解释。人们不曾对生物控制的治理对象进行严格调查，也没有对天敌的投放做出精确测算，但事实上，生物控制的成与败，和精确度休戚相关。

我们需要考虑到，在大自然的生命之网中，“猎手”和“猎物”绝不会一一对应，独立存在。在森林里有很多这样的机会，可以直接使用早已存在的生物控制方法。在当今时代，农业高度发达，人们的作业环境已经脱离了自然状态，相比之下，森林依然保持着自然环境的本来模样。森林尚未受到太多人类的侵扰，于是暂时还能够按照自然规律去发展，建立和维护着复杂的自然平衡，以此抵御来自昆虫世界的威胁。

在美国的森林中，护林者正在计划引进“天敌”，借助捕食性昆虫和寄生性昆虫的力量来控制虫害。在加拿大和欧洲，人们早已开始行动了。在欧洲的一些地方，“森林卫生学”得到了极大的发展，令人震惊。那些地方的护林者认为，不管是鸟还是蚂蚁，无论是蜘蛛还是细菌，都是森林不可或缺的组成部分。于是，他们在培植新树的同时，还会引入这一系列元素以保护森林。首先是吸引鸟类“入住”。尽管当前的森林管理日趋严格，但很多高龄的空心树早已不复存在，这让啄木鸟这类需要栖息在大树上的鸟类失去了安身之地。护林者在森林中安置了许多巢箱，希望鸟类能回归，另外，他们还专门为猫头鹰和蝙蝠提供了特制的巢箱。巢箱可以帮助鸟类在夜里安睡，以便这些小家伙们在白天好好捕虫。

这只是冰山一角。在欧洲，生物控制研究进行得有声有色。人们正尝试着开始利用一种森林红蚁。这种红蚁是捕食性昆虫，攻击性很强，很可惜在北美地区看不到它的身影。大概是在 25 年前，乌兹柏格大学的卡尔·高兹华特开始培育这种红蚁，并成功建立起蚁群。按照他的建议，这一万余个蚁群被投放到全国 90 个试验区内。意大利等国家纷纷效仿，在境内建立起蚂蚁农场，专门为森林管理部门提供蚁群。而在阿平宁山区，护林者已经在再生森林里放置了数百个巢箱。

汉斯·鲁波绍芬是德国穆林地区的林业管理人员，他曾说："我们不难发现，那些拥有鸟类、蚂蚁、蝙蝠和猫头鹰的森林，其自然平衡正在日益恢复。"他坚定地认为，为森林引入一大群自然伙伴的实际效果，要比单纯引入某种捕食性昆虫或寄生性昆虫要好很多。在穆林地区的森林里，蚁群被拦在保护网之内，从而躲开了啄木鸟的进攻。在这种保护下，实验地区的蚁群在十年间猛增了4倍之多。同时，啄木鸟因为啄食不到蚂蚁，只好将矛盾转向破坏树木的毛虫们。值得一提的是，照顾蚁群和管理巢箱的工作被委派给了孩子们，这些孩子都是当地学校的学生，大部分都在10～14岁，他们为此还成立了少年组织。这样做无疑是两全其美，不仅降低了开支，还让森林得到了长久的保护。

鲁波绍芬正在做着一个有趣的研究，他希望能在蜘蛛身上找到可利用的价值，当然，在这个研究方向上，他是第一人。在过去，有关蜘蛛的研究主要集中在分类和进化方面，尽管相关的资料数量颇丰，却很分散和片面。从这些历史资料里，我们看不到任何与生物控制有关的内容，更别提利用价值。目前已知的蜘蛛种类有22000余种，其中有760种是德国品种，有2000种左右是美国品种。而在德国森林里，共有29种。

在护林者看来，蜘蛛的最大价值就是织网，而且网的形态十分重要。那些能织出车轮状网的蜘蛛是最受欢迎的，因为车轮状的网有着极为细密的网络，任何飞虫都无法逃脱。一只十字蛛可以织出直径达16英寸的巨大蜘蛛网，在这张网上还有大概12万个黏性网结。每只蜘蛛的存活期只有短短的18个月左右，却能平均消灭掉2000只其他昆虫。通常来说，如果一个森林拥有完善的生物学环境，那么在其每平方米土地上，便会生活着50至150只蜘蛛。如果蜘蛛数量过少，则需要投放含有蜘蛛卵的袋状子囊。据鲁波绍芬说："每三个蜂蛛子囊可孵化出将近1000只蜘蛛，在它们的共同努力下，会有20万只飞虫被消灭。"他还认为，那些出现在春季的幼小轮网蛛作用巨大，尽管它们织出的网很小很细，但是"当大量小蜘蛛同时开始织网时，这些网便会像盖子一样挂在树枝上，而这个盖子能拦住各种飞虫，很好地保护幼嫩的叶芽"。随着这些小蜘蛛的长大，树枝上的网也会越来越大。

在加拿大，有生物学家在做着相似的研究，尽管当地的情况和德国存在差异，比如那里的森林还保持着高度的自然状态，而非人工再植。另外，两地所能利用的昆虫种类也不尽相同。加拿大的研究者认为，小型的哺乳动物也可以控制某些昆虫的繁殖，特别是针对那些生活在森林土壤中的昆虫种群，比如锯齿蝇。之所以将这种昆虫命名为锯齿蝇，是因为其雌性的产卵器官呈锯齿状。雌性锯齿蝇用产卵器官将常绿植物的叶片割裂开来，把卵产在里面。孵化出来的幼虫会进入落叶松沼泽的泥炭层，或是在针枞树和松树的落叶丛中结成茧。小型的哺乳动物，譬如鼹鼠、白脚鼠和地鼠等，在森林的土壤中开辟出蜂窝状的通道网络。其中，地鼠尤为"贪吃"，能吃掉很多很多的锯齿蝇茧。它们"进食"的样子很奇特，会伸出一只前脚踩在茧上面，然后咬破茧的一端，另外，它们能够辨别出哪些茧是空的，哪些里面还有幼虫。地鼠的胃口大得惊人，一般来说，一只地鼠每天能吃掉800多个茧，相比之下，一只鼹鼠每天只能吃掉200多个。实验数据告诉我们，它们能消灭75%～98%的锯齿蝇茧。

纽芬兰岛一度深受锯齿蝇的侵害，因为在当地是没有地鼠这种生物的。人们十分渴望能获得这种小型哺乳动物的帮助，于是，在 1958 年，假面地鼠来到了纽芬兰岛上，配合人们进行生物控制的试验。假面地鼠对锯齿蝇来说无疑是最强大的天敌之一。到了 1962 年，加拿大对外宣布了试验成功的消息。现在，在纽芬兰岛上到处都有这种地鼠，甚至在距离投放点 10 英里远的地区也能见到它们的身影，显然，它们已经在岛上大量繁殖起来了。

守护森林的人们希望森林的自然平衡能得到增强，并更加持久。如今，他们已经拥有了一整套可以保护森林的装置。化学控制方法的效力通常都很短暂，无法从根本上解决问题，而且还会影响溪流中鱼类的生存，从而给昆虫世界带去灭顶之灾。如果以化学控制方法为主导措辞，那么之前费尽心思引进的一系列自然防御因素都会逐渐被毁掉，自然防御系统将会完全崩溃。对于这种蛮横的控制方式，鲁波绍芬指出：“在森林里，生命都是相互依存的，现在这种关系完全失衡了，出现寄生虫灾害的频率越来越高。这种有悖自然规律的野蛮行径是被人类强加于大自然的，我们必须就此打住。要知道，自然环境已经所剩无几，这最后的一点，对我们至关重要。”

在地球上，人类必须和别的一切生物共生共存，为了处理好这个关系，我们寻找到很多新方法，这些方法极富想象力和创意。在此基础上，我想要强调的是：和我们打交道的群体是拥有生命的，它们和人类一样，经受着一切压力，正为生存而战；它们的种群可能会越来越兴盛，也有可能会越来越衰退。生命的力量，不容人类小觑。我们需要谨慎对待这种力量，运用更合理的方式，让它成为对人类有利的因素，以便让人类和昆虫和谐相处。

使用有毒化学物的后果很严重，屡次的失败让人们不得不开始重新审视那些最基本的问题。化学药剂是一种低级武器，低级到如同原始人手中的棍子，只会没头没脑地破坏着生命之网。大自然的生命之网是脆弱的，很容易遭到破坏，但同时又具有强大的韧性和自我修复能力，更重要的是，它会奋起反抗——以一种人类无法预料的方式。那些支持使用化学控制方法的人们对此置若罔闻，他们以为生命力是可以随意摆弄的，已经失去了理性，更谈不上人道。

当生物学和哲学还处于低级阶段时，人们企图让自然为己所用，然而这种想法只是证明了人类的妄自尊大。当时的科学还不够发达，才会产生此类应用昆虫学的概念和方法。而时至今日，人类给这门原始学科配备了现代化的化学武器，这无疑是一场可怕的武装行动。这些化学武器不仅破坏着昆虫世界，还在毁灭着整个地球。

人类，正在面临一场巨大的灾难！